NOUVELLE ENCYCLOPÉDIE PRATIQUE
DU BATIMENT ET DE L'HABITATION

RÉDIGÉE PAR

René CHAMPLY, Ingénieur

avec le concours d'Architectes et d'Ingénieurs spécialistes

———

QUINZIÈME VOLUME

———

ARCHITECTURE
PLANS DE MAISONS
ET VILLAS

———

AVEC 194 FIGURES DANS LE TEXTE

PARIS

LIBRAIRIE GÉNÉRALE SCIENTIFIQUE ET INDUSTRIELLE

H. DESFORGES

29, QUAI DES GRANDS-AUGUSTINS, 29

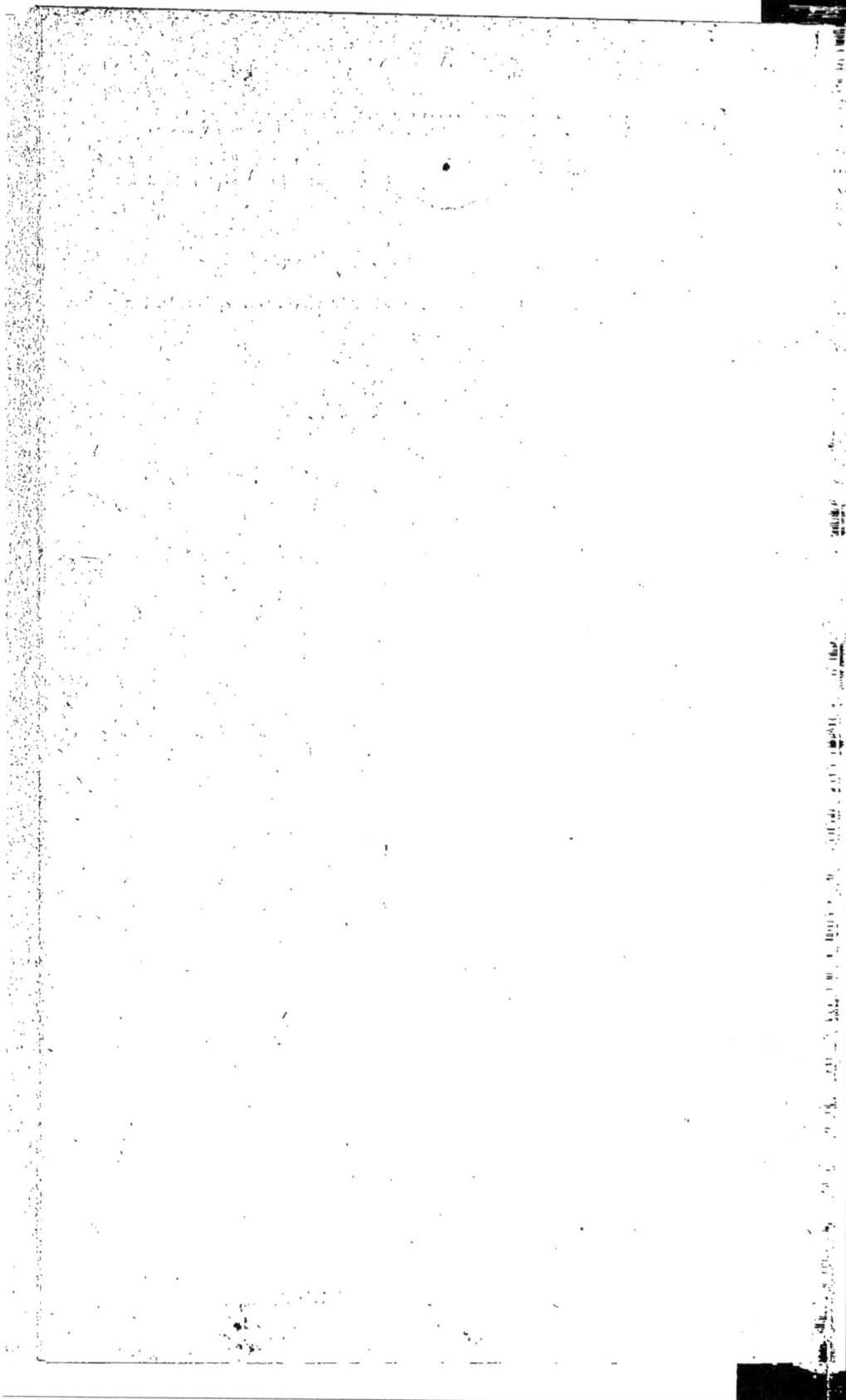

Architecture

Plans de Maisons et Villas

NOUVELLE ENCYCLOPÉDIE PRATIQUE
DU BATIMENT ET DE L'HABITATION

RÉDIGÉE PAR

René CHAMPLY, Ingénieur

avec le concours d'Architectes et d'Ingénieurs spécialistes

QUINZIÈME VOLUME

ARCHITECTURE
PLANS DE MAISONS
ET VILLAS

AVEC 194 FIGURES DANS LE TEXTE

PARIS

LIBRAIRIE GÉNÉRALE SCIENTIFIQUE ET INDUSTRIELLE

H. DESFORGES

29, QUAI DES GRANDS-AUGUSTINS, 29

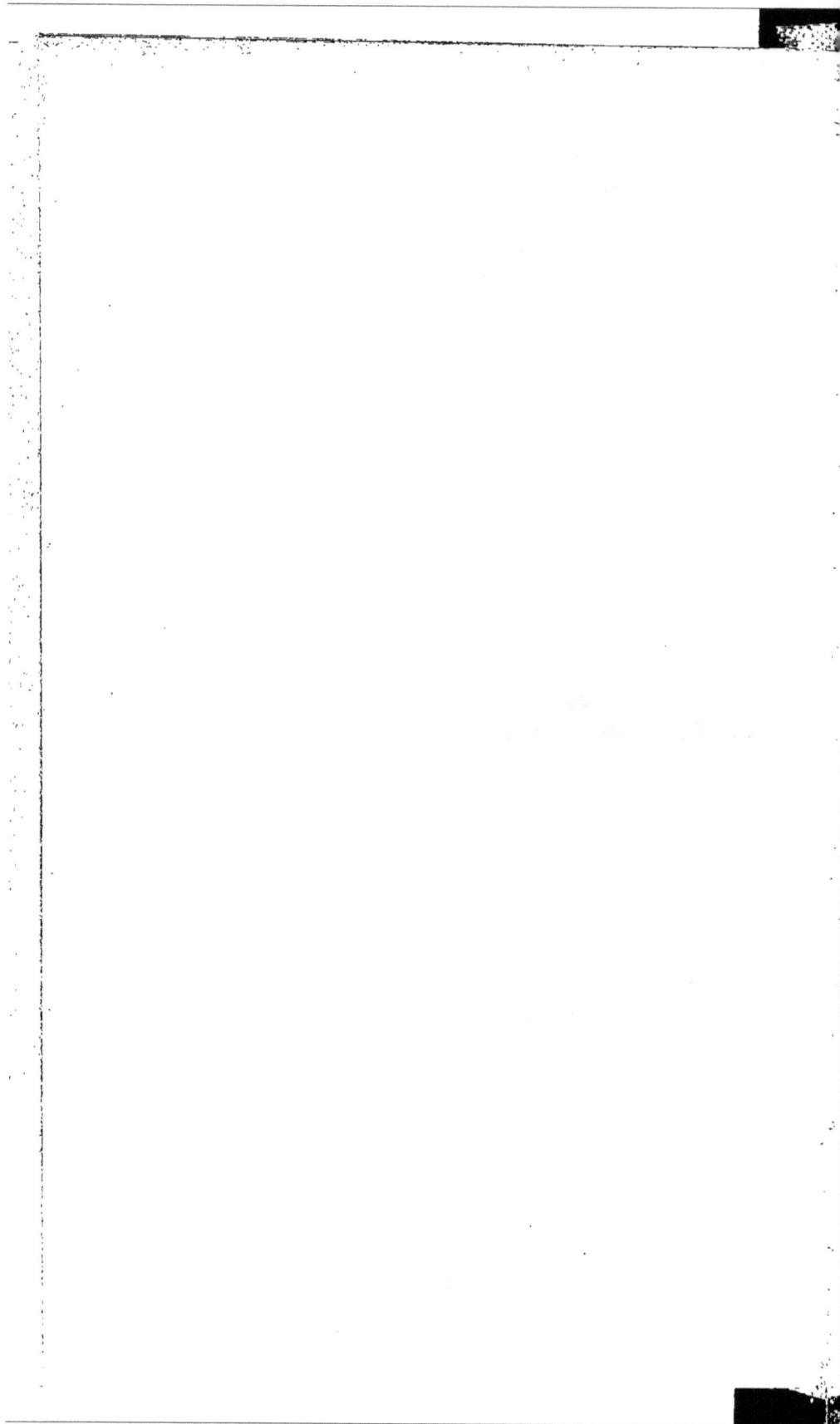

PRÉFACE

Ce quinzième et dernier volume est surtout un recueil de plans et devis de maisons simples et à bon marché.

Nous avons cru devoir le compléter par un abrégé de l'Histoire de l'Architecture et donner quelques exemples des styles classiques.

Celui qui veut faire construire sa maison désire généralement une œuvre originale, qui ne soit pas semblable exactement à celle du voisin ; par la connaissance des divers styles, l'architecte ou l'entrepreneur peuvent concevoir une combinaison plus ou moins nouvelle pour la maison à édifier.

Voici donc ainsi terminée cette Encyclopédie, dans laquelle nous avons condensé le plus possible de renseignements précis et pratiques, malgré l'exiguité du cadre qui nous était imposé. Nous serons heureux de recevoir les observations que nos lecteurs jugeront à propos de nous faire sur les omissions que nous avons pu commettre et qui pourront être réparées dans une prochaine édition.

R. CHAMPLY.

Nouvelle Encyclopédie Pratique
DU BATIMENT ET DE L'HABITATION

CHAPITRE PREMIER

HISTOIRE DE L'ARCHITECTURE

L'architecture est la manière ou *Art de Bâtir*. Son origine est celle de l'homme qui dès le début chercha les moyens de se mettre à l'abri des intempéries et dut protéger son repos contre les attaques des animaux.

Dans ce but, il dut construire et aménager des *habitations* et devint *architecte*.

Les premières habitations furent des trous ou galeries creusées dans la terre ou bien des grottes naturelles ou anfractuosités de rochers dont les ouvertures étaient closes de branchages. C'est la première demeure de l'*homme des cavernes*.

Mais, sans doute, l'augmentation du nombre des hommes rendit insuffisant le nombre des cavités naturelles et il fallut construire des maisons ou huttes en branchages et en troncs d'arbres. La figure 1 mon-

Fig. 3

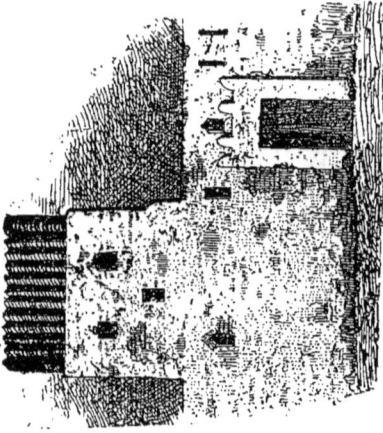

Fig. 2

Fig. 1

Fig. 4

tre les premières constructions ainsi réalisées ; les peuplades nègres s'en contentent encore ! Afin d'empêcher l'attaque des animaux féroces, l'homme construisit ses huttes au milieu des eaux des étangs et fit ainsi des *cités lacustres* représentées figure 2.

On remarquera que dans ces constructions primi-

Fig. 5.

Fig. 6.

tives, les troncs d'arbres verticaux forment déjà des *colonnes* et d'autres placés horizontalement forment des *entablements* et des *solives*. Les toitures sont coniques, pour favoriser l'écoulement des eaux dans le sens des chaumes ou branchages inclinés.

L'homme fit ensuite des maisons avec des pierres posées à sec ou liées avec de la terre glaise délayée dans l'eau ; il fit aussi des *briques crues* avec de la terre et les employa à faire les murs ; dès ce moment l'art de la décoration se manifeste comme en témoignent l'habitation d'un fellah égyptien (fig. 3) et celle

Fig. 7 et 8.

des nègres Bambara de l'Afrique centrale (fig. 4).

L'architecture n'a pas varié dans ses moyens fondamentaux : le *piédestal* remplace le massif des cailloux et de boue que les hommes primitifs faisaient au bas des troncs d'arbres pour les surélever et les protéger de l'humidité ; l'*entablement* et l'*architrave* remplacent le tronc d'arbre horizontal, ainsi que le montrent la figure 8 (Ruines du Temple d'Ombos, Egypte), la figure 5 (Reconstitution de l'Avenue centrale du Grand temple de Karnak, Egypte) et la figure 6 (Ruines du Temple d'Angkor, architecture Siam-Cambodge).

Les civilisations primitives de l'Asie centrale savent déjà construire les *voûtes* de pierre comme le montre la figure 7 (architecture persane).

Puis, les Grecs et les Romains fixent les règles de l'art architectural et ses proportions géométriques.

L'architecture se divise en *antique*, *gothique* et *moderne* ; chacune de ces grandes divisions comporte des subdivisions ou *styles* correspondant à chaque époque de l'histoire et aussi à chaque pays.

L'architecture antique est belle par son caractère grand et sévère, les proportions raisonnées et harmonieuses, le bon goût des profils de moulures, la sobriété et la juste application des ornements, formant un ensemble majestueux et élégant. Les Grecs l'ont transmise aux Romains qui l'ont augmentée et perfectionnée. Les *ordres* principaux de l'architecture antique sont au nombre de cinq :

L'*ordre Toscan*, l'*ordre Dorique*, l'*ordre Ionique*, l'*ordre Corinthien* et l'*ordre Composite*.

Un *ordre* est constitué par trois membres :

Le *Piédestal* ;

La *Colonne* ;

Et l'*Entablement.*

Le *piédestal* supporte la colonne ; s'il est prolongé pour porter plusieurs colonnes il se nomme *stylobate*. Le piédestal se compose de trois parties :

La base (fulmentum) ;

Le dé (truncus) ;

Et la corniche (corona).

La *colonne* (columna), posée sur le piédestal supporte l'entablement ; elle se compose de trois parties :

La base (basis) ;

Le fût (fustis) ;

Et le chapiteau (capitellum).

C'est par les ornements du chapiteau que se distinguent les divers ordres.

L'*entablement* (tabulatum) repose sur les colonnes ; il comporte aussi trois parties :

L'architrave (epistylium) ;

La frise (zophorus) ;

La corniche (corona).

La partie au-dessus de la corniche se nomme *socle* ou *acrotère,* elle détermine la saillie de la corniche et doit être à l'aplomb du nu de la frise.

La frise reçoit les ornements ou figures d'animaux; la corniche fait une grande saillie et couronne les autres membres en les protégeant des intempéries.

D'après *Vignole,* les proportions doivent toujours rester les mêmes entre les trois membres d'un ordre d'architecture.

En prenant pour unité la hauteur de la colonne le piédestal a pour hauteur le tiers de cette unité, et l'entablement le quart.

La *base de la colonne* a pour hauteur la moitié du diamètre de la colonne à sa base.

La colonne est cylindrique depuis le bas jusqu'au tiers de sa hauteur ; ensuite son diamètre va en diminuant jusqu'en haut où il n'est plus que les cinq

Fig. 8 *bis*. — Portique de l'Ordre Toscan ou Etrusque.

Fig. 9. — Portique de l'Ordre Dorique.

sixièmes du diamètre inférieur. La proportion entre
la grosseur et la hauteur de colonnes varie comme
suit :

Ordre toscan : hauteur = 7 diamètres du bas ;
Ordre dorique : hauteur = 8 diamètres du bas ;
Ordre ionique : hauteur = 9 diamètres du bas :
Ordres corinthien et composite : hauteur = 10 diamètres
du bas.

Les proportions des chapiteaux varient de même
pour chaque ordre.

Nous n'entrerons pas ici dans le détail du tracé
des ordres classiques ; disons seulement que le *module*
qui sert à déterminer la hauteur de chacun des élé-
ments de l'ordre, est égal au demi-diamètre de la colonne à sa base, c'est donc le rayon de la base du cy-
lindre. Chaque ordre comporte des *entre-colonnes* ou
des *portiques* comme le montrent nos gravures 8 *bis*
à 13.

Ordre Toscan ou *Etrusque*, figure 8 *bis*. — C'est le
plus simple et le plus matériel ; il a pris naissance en
Toscane, c'est une variété archaïque de l'ordre Dorique.

Ordre Dorique, figure 9. — Cet ordre vient des
Grecs ; on y remarque des *mutules* ou espèces de gros
modillons qui soutiennent le larmier de la corniche
ou des *denticules* qui ornent la corniche, en remplace-
ment des mutules. La frise des entablements est
ornée de *triglyphes* avec des *gouttes* ou *clochettes*.

L'espace entre deux triglyphes se nomme *métope*
et peut être orné de *patères, têtes de bœufs desséchées*
rappelant les animaux offerts en sacrifice, *armures de
guerre, boucliers, casques, cuirasses*, etc.

Ordre Ionique, figure 10. — Cet ordre vient des

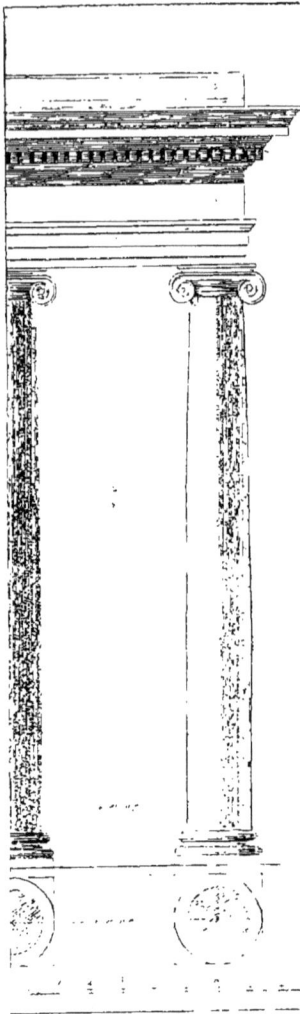

Fig. 10. — Entre-colonnes
de l'ordre Ionique.

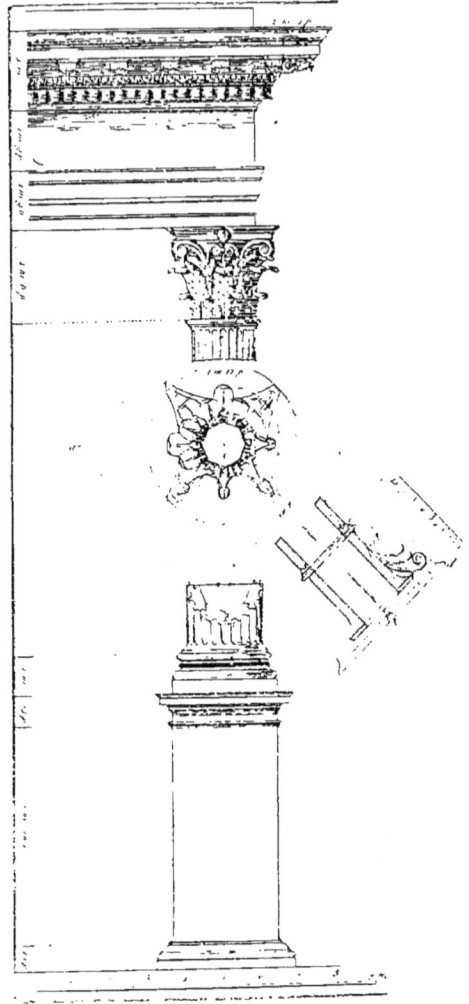

Fig. 11. — Ordre Corinthien.

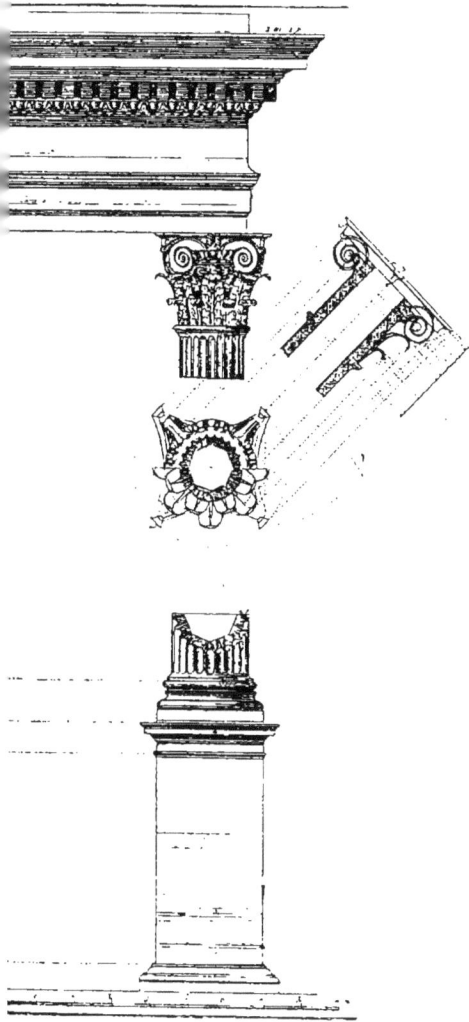

Fig. 12. — Ordre Composite.

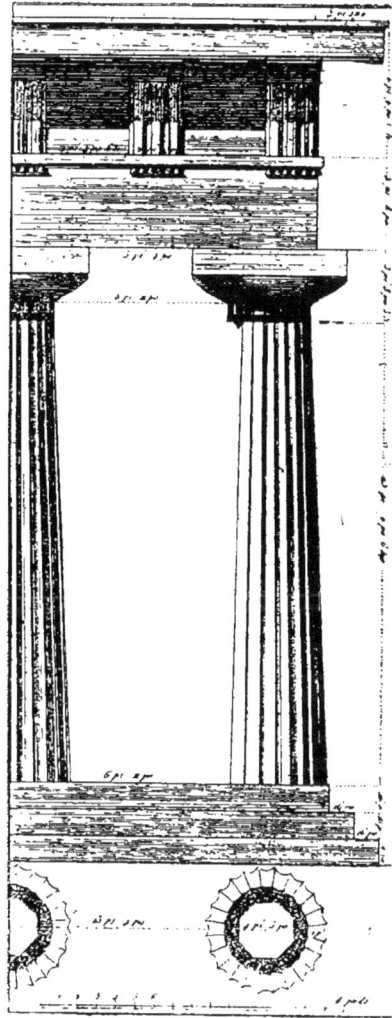

Fig. 13. — Ordre Dorique du temple
de Poestum.

Asiatiques d'Ionie venus en Grèce à Athènes : il est caractérisé par un chapiteau à volutes ; la frise est ou non ornée de sculptures.

Ordre Corinthien, figure 11. — Cet ordre passe pour le plus beau de l'architecture ; il vient de Corinthe : « Une jeune fille de Corinthe étant morte, dit Vitruve. sa nourrice plaça sur sa tombe une corbeille contenant divers bijoux que la jeune fille aimait. Cette corbeille, recouverte d'une tuile, se trouva par hasard posée sur une plante d'acanthe dont les feuilles, en poussant, entourèrent la corbeille et se recourbèrent sous la tuile. Le célèbre Callimaque en conçut le chapiteau Corinthien. »

La caractéristique de cet ordre est donc le chapiteau avec feuilles d'acanthe recourbées.

Ordre Composite (fig. 12). — Cet ordre est Romain. il est la réunion du Corinthien et de l'Ionique : on y voit en effet les feuilles d'acanthe et les volutes du chapiteau ; mais en outre il comporte une profusion d'ornements dans toutes les parties de l'entablement.

Autres Ordres d'architecture. — En outre des cinq ordres principaux ci-dessus, signalons : l'*Ordre Dorique de Pœstum*. dont les colonnes diminuent de bas en haut d'une façon continue (fig. 13) et l'*Ordre Cariatide*. dans lequel les fûts des colonnes sont remplacés par des figures de femmes.

Colonnes. — Les colonnes se font lisses ou *cannelées*, on en fait aussi de *torses* que l'on entoure quelquefois de feuillages grimpants sculptés ; les colonnes torses manquent de solidité. On fait aussi des colonnes carrées, rectangulaires ou polygonales.

Base attique. — La *base attique* que l'on trouve au-

Fig. 15. — Maison Espagnole.

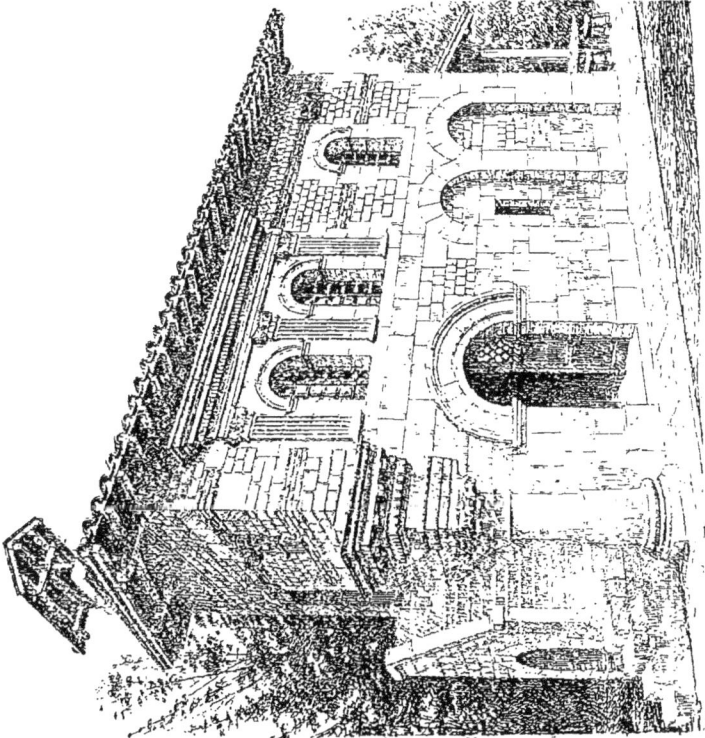

Fig. 14. — Maison Gallo-Romaine.

dessous des colonnes des ordres classiques se compose d'une moulure appelée *scotie* placée entre deux *tores* ou demi-ronds, le tout au-dessus d'une *plinthe* (voir fig. 10, 11 et 12).

Dans l'ordre composite, la base attique comprend deux *scoties* séparées par un petit *tore* entre deux filets.

Styles d'architecture. — Chaque pays possède un *style* d'architecture, de même que chaque *époque*; on pourrait dire qu'il y a autant de styles architecturaux qu'il y a d'époques historiques dans chaque pays du monde.

Passer en revue documentaire tous les styles de tous les pays et de toutes les époques serait donc une formidable besogne qui ne saurait être faite ici. Nous nous bornerons à donner quelques exemples qui serviront à documenter ceux de nos lecteurs qui voudraient dessiner des façades d'immeubles.

Après la décadence Romaine, le style *Roman*, caractérisé par les portiques ou voûtes en plein cintre (demi-circonférence), se retrouve dans toutes les constructions byzantines et en France jusqu'au XIIe siècle de notre ère. La figure 14 montre une villa Gallo-Romaine et la figure 16 l'église Notre-Dame-du-Port à Clermont-Ferrand, qui est un beau spécimen de l'architecture Romane.

La figure 15 est un Patio à Burgos (Espagne) dans lequel l'influence des styles Romains et Grecs est manifeste. La figure 18 montre le style Hispano-Mauresque de la mosquée de Grenade où le plein cintre Roman se retrouve, modifié par les Arabes.

C'est en France qu'au XIIe siècle un style nouveau fut créé : le style *Ogival*, improprement appelé style *Gothique*, car ce n'est pas chez les Goths du Nord de l'Italie qu'il prit naissance. Le style Ogival est l'élancement du style roman : les voûtes et portiques

Fig. 17. — Eglise d'Arques.

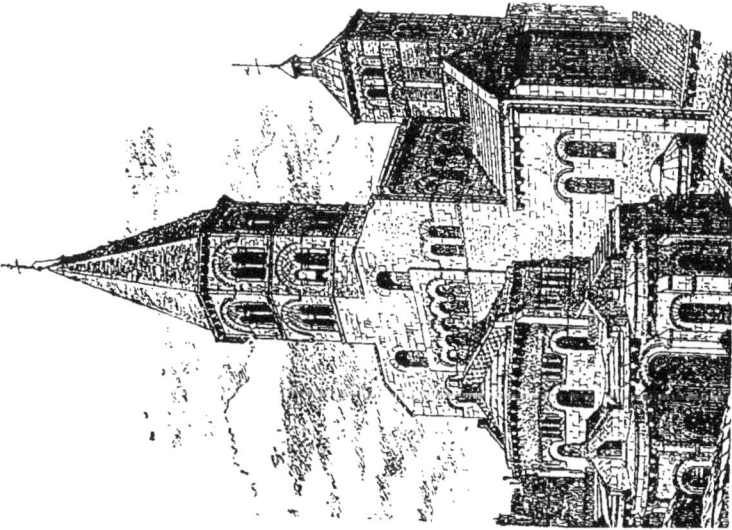

Fig. 16. — Eglise Notre-Dame du Port.

Fig. 18.   Mosquée de Grenade (Espagne).

sont composés de deux arcs de cercle se rejoignant
sous un angle de plus en plus aigu, comme le montre
la figure 17 (église d'Arques), et cette architecture
est, en outre, caractérisée par des *colonnettes* multiples

Fig. 19.

et fines, formant balustrades, ornements des portes
et des fenêtres, rampes de balcon, etc. Les colonnes
massives supportant les voûtes des monuments ro-
mans sont ici remplacées par des faisceaux de colonnettes élancées dont les chapiteaux sont décorés de
fleurs, feuillages ou animaux imités de ceux de nos

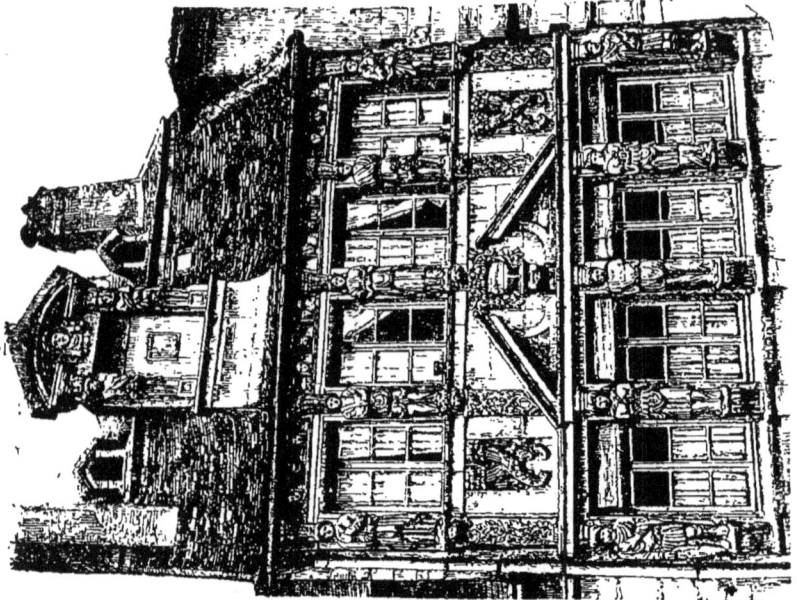

Fig. 21. — Maison des Cariatides, à Dijon.

Fig. 20. — Maison des Richard, à Dijon.

Fig 23

Fig 22

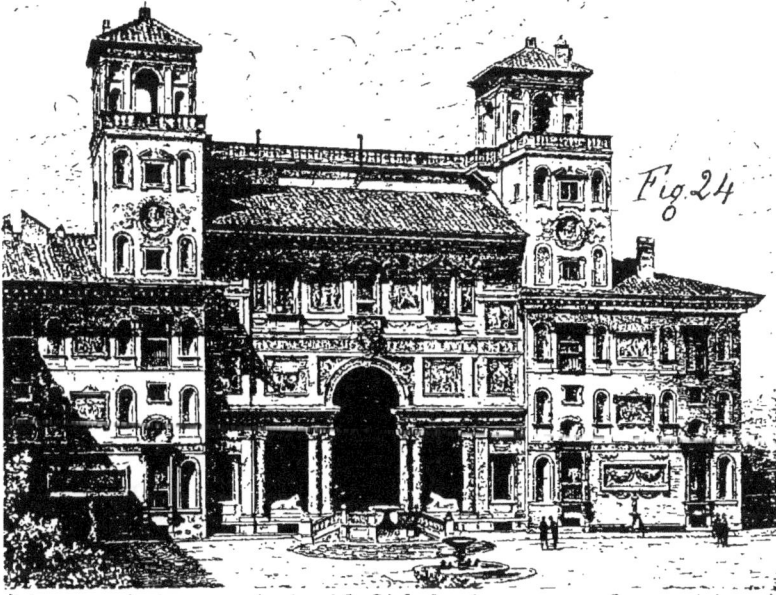

Fig 24

Fig. 22 à 24.

pays. C'est vraiment un art nouveau et national.
L'ogive s'élance encore et se termine en pointe

Fig. 24 bis. — Style Flamand.

fleuronnée dans le style *Ogival flamboyant* du XIVᵉ
siècle, dont la figure 19 montre un spécimen. Aux
XVᵉ et XVIᵉ siècles nous arrivons au style
Renaissance qui marque un retour aux traditions
grecques et romaines. Le style Renaissance fut prin-
cipalement appliqué aux châteaux et monuments pu-

Fig. 25. — La Maison aux Têtes à Amsterdam.

blics. Il est caractérisé par l'abaissement des arcs de cintre qui sont en *anse de panier*, par l'apparition de fenêtres rectangulaires et d'une profusion de décorations sculpturales. A titre d'exemples :

La figure 24, villa Médicis à Rome est un exemple de la Renaissance Italienne. La figure 20 montre une maison de Dijon, dite *maison Richard* : la figure 22 un château du XVIᵉ siècle et la figure 23 une partie de l'Hôtel-de-Ville de Paris construit dans le style Renaissance.

L'influence de la Renaissance se fait sentir à l'étranger et nous représentons, figure 24 *bis*, les maisons du style Flamand du XVIIᵉ siècle (maison de Corporations à Bruxelles) et la *Maison aux Têtes* d'Amsterdam, style Renaissance Hollandaise, 1622 (fig. 25).

Le style Louis XIV est caractérisé par des fenêtres rectangulaires à meneaux couronnés de frontons alternativement courbes et aigus. Les bâtiments du Louvre en sont un exemple.

La *Maison des Cariatides* à Dijon, représentée figure 21, est de cette époque.

Sous Louis XV on revient au style classique (Ecole militaire, Palais Royal, Palais de la Place de la Concorde) pour les monuments publics, mais les architectes de ce temps construisent quantité de petits hôtels dans lesquels ils appliquent le style *Rococo* ou *Rocaille* que l'on a appelé style Louis XV. et qui est caractérisé par des bas-reliefs gracieux et légers et une ornementation composée de fleurs, rinceaux, coquilles, amours, etc.

L'Ecole des Beaux-Arts, organisée en 1806 par décret de Napoléon 1ᵉʳ comme institution d'Etat, nous vaut, au XIXᵉ siècle un retour plus accentué encore aux traditions antiques : le style Empire les exagère, les

Fig. 26.

bâtiments de la rue de Rivoli en sont un exemple.

Enfin, en notre XXe siècle, on fait un peu de tout et on mélange tout ; il faut cependant signaler la création de l'*Art Nouveau* dont la caractéristique est l'abandon de la ligne droite pour l'adoption de courbes plus ou moins heureuses empruntées à la nature, aux tiges des plantes et aux fleurs. L'Art Nouveau s'est manifesté à Paris par la construction d'un certain nombre d'immeubles aux fenêtres arrondies, aux balcons galbés, que beaucoup d'honnêtes esprits hésitent à trouver jolis, ni artistiques.

Du XXe siècle encore nous vient le style *Exposition* dans lequel il ne reste plus de place pour les murs : c'est une suite d'immenses baies vitrées, les toitures sont surchargées d'énormes dômes. Le style Exposition est avantageusement appliqué aux grandes maisons de commerce et aux palais de fêtes populaires. Nous en donnons un exemple : les magasins du Printemps à Paris (fig. 26).

Dans ce genre de constructions, le fer tient une très grande place, l'ossature entière du bâtiment est en fer et les détails architecturaux ne sont, le plus souvent, que de minces revêtements en pierre, cachant les armatures de charpentes en fer ou en béton armé.

Styles Étrangers. — Afin de compléter la documentation de cette rapide histoire de l'architecture, nous avons cru devoir montrer quelques spécimens d'architectures originales n'ayant que peu ou point de rapport avec les styles classiques.

Nos gravures ci-après représentent :

27 et 28. Maisons Russes : elles sont entièrement en bois et couvertes en planches ; celle de la figure 28 est sur soubassement en pierres.

30. Cathédrale de Moscou (Russie).

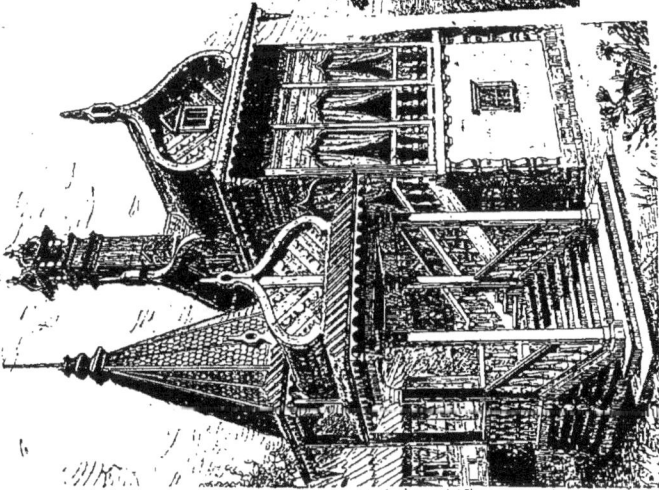

Fig. 28.

Fig. 27.

Maisons Russes.

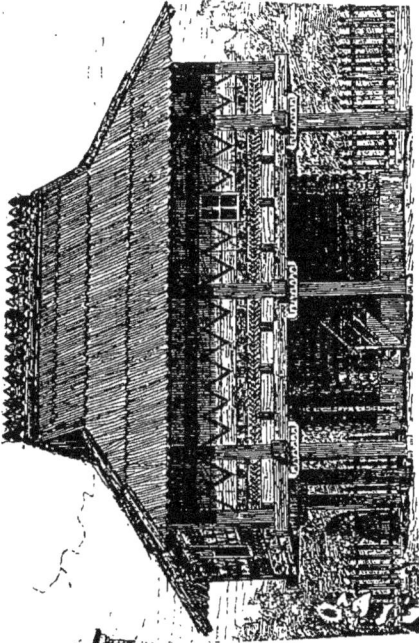

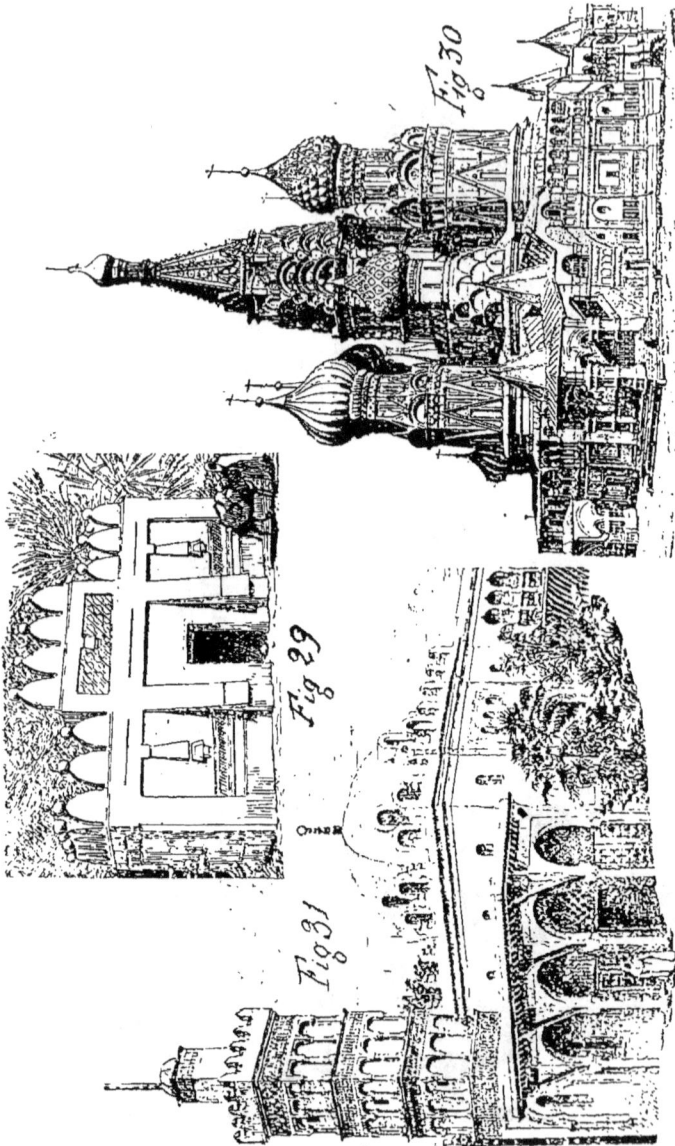

Fig. 30

Fig. 29

Fig. 31

Fig. 29 à 31.

Fig 32

Fig 33

Fig. 32 et 33.

29. Maison Soudanaise (Afrique).

31. Palais Algérien (Afrique), style Mauresque moderne.

32. Clocher Japonais.

33. Maisons Chinoises.

Nous donnons plus loin les plans des maisons modernes pour la ville et la campagne dans lesquels on trouvera des spécimens des styles anglo-normands (style Queen-Anne).

CHAPITRE II

AMÉNAGEMENT DES MAISONS MODERNES

Nous avons suffisamment insisté, dans le XIIIe volume de cette encyclopédie, sur les conditions de salubrité des terrains sur lesquels on construit et des bâtiments eux-mêmes, pour n'avoir pas à y revenir ici. Nous parlerons seulement de la distribution des pièces des appartements et de l'aménagement général de l'immeuble.

Bien entendu, dans une maison moderne, qu'il s'agisse d'un hôtel particulier ou d'une maison de rapport, il doit y avoir l'*eau à tous les étages* et dans toutes les cuisines et cabinets d'aisance. Je voudrais voir, à chaque palier de l'escalier principal un *poste d'incendie* tel que celui décrit page 83, volume XII ; ceci serait spécialement nécessaire dans les immeubles de rapport qui n'ont pas d'escalier de service et où les locataires des étages supérieurs se trouvent exposés à brûler vifs au cas où le feu et la fumée envahissent la cage de l'unique escalier.

Dans chaque appartement moderne on doit trouver les cabinets d'aisances inodores et une salle de bains qui peut être installée à peu de frais si l'on en exclut le luxe.

Les cuisines, cabinets de toilette, W.-C., salles de bains seront carrelées en *carreaux céramiques* recouvrant aussi le soubassement des murs ou cloisons, avec *angles arrondis* (voir volume IX, page 71), permettant les lavages faciles sans qu'aucune poussière ne puisse rester dans les coins ; les anciennes plinthes en bois ne sont là que des nids à pourriture et à insectes.

Dans une habitation hygiénique, il faut proscrire autant que possible les papiers peints, tentures en toile ou tapisserie et les boiseries : les murs doivent de préférence être peints avec des peintures vernissées ou seulement des peintures à l'eau que leur bon marché permet de renouveler souvent.

Chaque chambre à feu devra être ventilée comme il a été dit au volume X.

Les chambres de domestiques que l'on réunit généralement au dernier étage, malgré les dangers physiques et moraux de la promiscuité de leurs occupants, devraient spécialement bénéficier du mode de construction hygiénique dont nous venons de parler, carrelages céramiques et murs peints, sans boiseries ni papiers collés qui sont des nids à vermine et à microbes. Il serait facile ainsi d'imposer aux domestiques une grande propreté de leur home.

Dans certains immeubles modernes, il y a, à l'étage des domestiques, des cabinets d'aisances et une salle de bains commune.

Dans la distribution des pièces d'un appartement, il faut, bien entendu, éviter que les diverses chambres ne se commandent l'une l'autre. Autant que possible toutes les pièces doivent ouvrir sur le hall, antichambre ou galerie qui communique avec l'escalier, la cuisine et les water-closets.

L'emplacement de la cuisine et des water-closets doit être choisi de façon que les odeurs ne puissent pas arriver dans l'appartement. A cet effet, il y a avantage à mettre la cuisine au bout d'un corridor communiquant avec l'escalier de service. De cette façon, il faut ouvrir deux portes pour accéder de la cuisine dans l'appartement, mais on est ainsi garanti contre les odeurs.

Une coutume, qui a son agrément dans les petits appartements, consiste à relier le salon et la salle à manger par une grande baie fermée par des portes repliantes ou à coulisse. Ces portes se font quelquefois vitrées (voir volumes VII et VIII).

On a ainsi l'illusion d'un appartement plus grand qu'il ne l'est en réalité et, en cas de réception d'amis, on dispose d'une vaste salle en ouvrant les portes de cette grande baie. On obtient aussi cette illusion d'agrandissement au moyen de glaces placées en face les unes des autres.

Au sujet de la dimension des fenêtres nous notons avec plaisir que nos architectes modernes les font larges et hautes à l'encontre des anciens, qui ne concevaient que de très petites ouvertures sur le soleil et l'air, cependant si nécessaires à la santé et à la vie.

Signalons encore une heureuse tendance moderne ; il s'agit des cours-jardins et des toitures-jardins. Dans nombre de grands immeubles de rapport, on fait, dans la cour intérieure, une pelouse bien verte sur laquelle on entretient à peu de frais des plantes vertes ou fleuries, selon la saison ; c'est là une grande gaîté pour ceux dont les appartements ont seulement vue sur la cour. Au sujet des toitures-jardins, il en existe déjà un grand nombre à Paris ; celle de l'Automobile-Club, place de la Concorde, est justement célèbre, ainsi que celle des Galeries Lafayette. Citons encore, entre

autres, la toiture-jardin du *Médical-Hôtel*, 26, faubourg Saint-Jacques, où le docteur Madeuf a installé
une école de culture physique et un restaurant en
plein air. Cet exemple devrait être suivi par bon nombre de nos hôteliers et restaurateurs parisiens dont
les salons (!) étuves empestent les relents de cuisine.
(Voir au volume VI la construction des toitures-ter-
rasses).

L'emplacement des cuisines dans un hôtel public
ou particulier devrait être à l'étage le plus élevé, les
odeurs ne monteraient point ainsi dans les appartements et les domestiques auraient alors réunis leurs
chambres et leur lieu de travail. Avec les monte-charges modernes (voir volume XIV) l'approvisionnement
des cuisines en vivres et en charbon se ferait aussi
facilement au septième étage qu'au sous-sol ou au
rez-de-chaussée.

Dans les hôtels particuliers, on met les salles de
réception au rez-de-chaussée et les chambres à coucher aux étages. L'ancien mode de construction de ces
hôtels, *entre cour et jardin*, plaçait les communs, c'est-
à-dire le logement du concierge et des cochers, les
écuries et remises, dans la cour d'entrée ; les fenêtres
principales de l'hôtel s'ouvraient sur le jardin, c'est-
à-dire du côté opposé à la rue. Ce superbe mode de
construction, que l'on voit encore dans les vieux
hôtels du faubourg Saint-Germain et du faubourg
Saint-Honoré, n'est guère possible maintenant, à
cause des prix des terrains à Paris. Mais, à la campagne, il est tout indiqué pour une villa confortable.

Les actuelles remises d'automobiles exigent, du
reste, moins de place que n'en demandaient les équi-
pages. Il faut que nous fassions une remarque à
propos de l'emplacement des réserves d'essence mi-
nérale destinée aux automobiles : on ne doit pas les

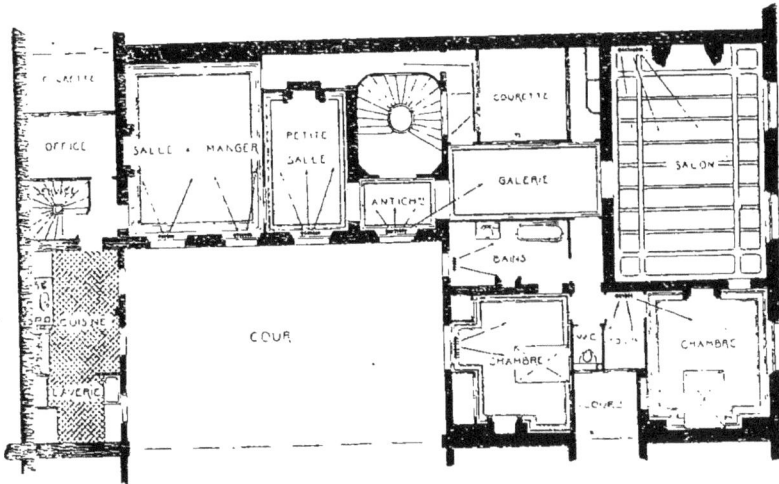

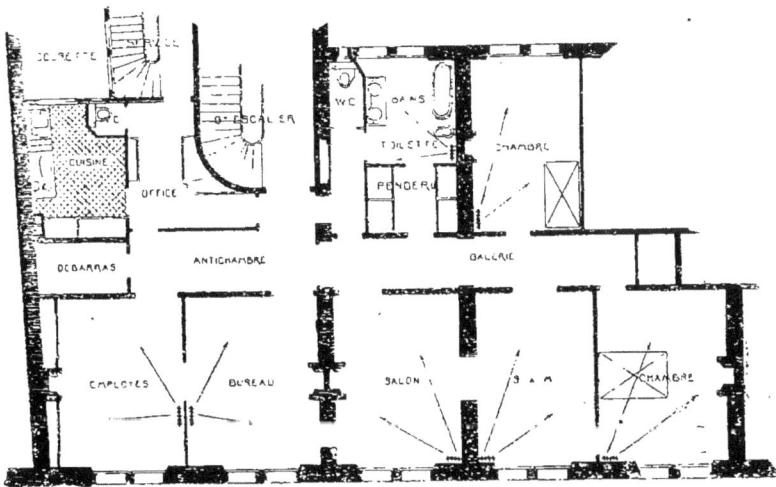

Fig. 34 et 35.

Plans d'appartements modernes.

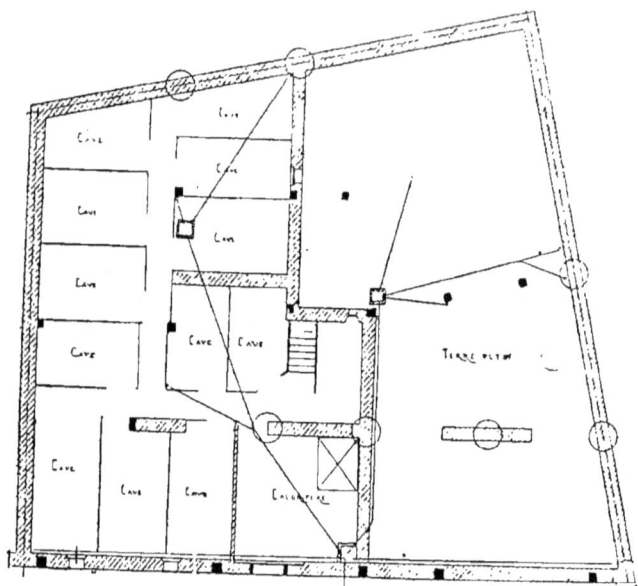

Plans du sous-sol.

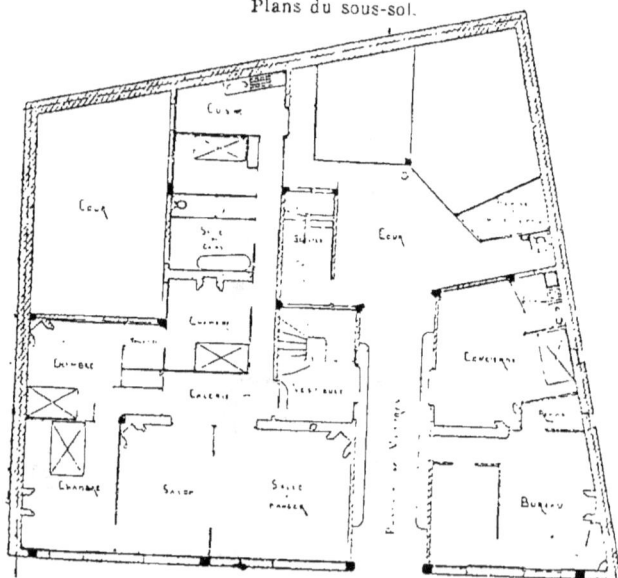

Plan du rez-de-chaussée.

Fig. 36 et 37.

Plans des appartements

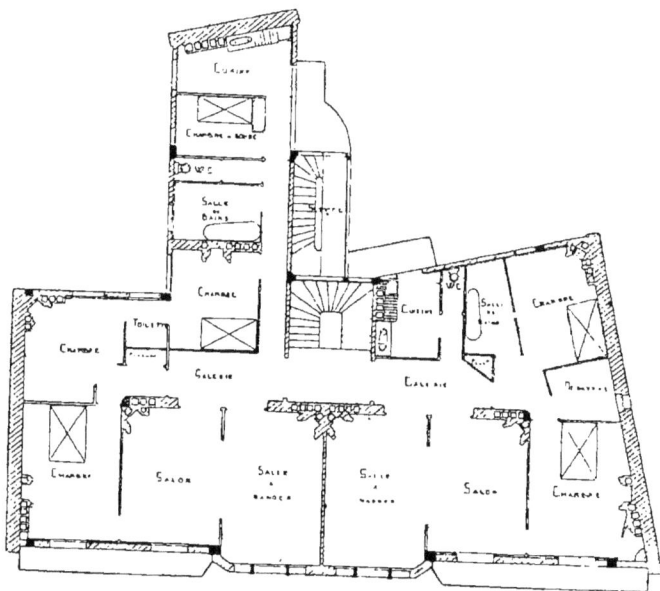

Plans du 5ᵉ étage.

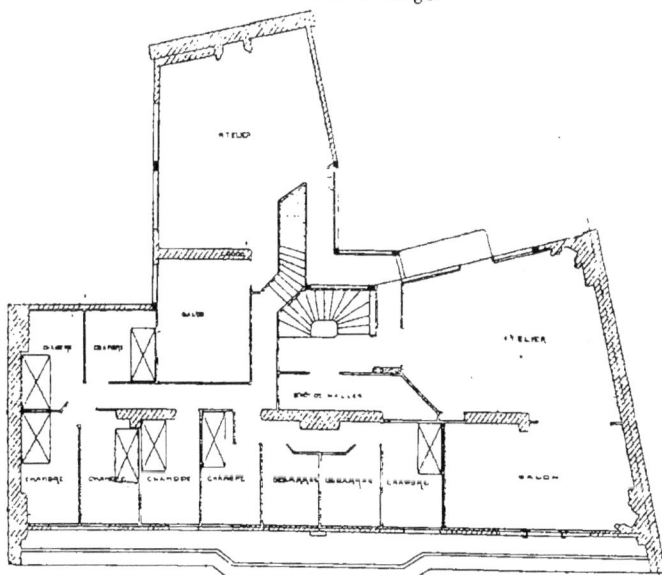

Plans du 6ᵉ étage.

Fig. 38 et 39.

d'une maison moderne à Paris.

laisser dans la remise, mais leur construire une fosse ou une armoire en béton armé, en dehors des bâtiments, fermée par une épaisse porte en tôle, incombustible et hermétique. Le fond de la fosse ou de l'armoire en question doit former cuvette étanche, de façon que si un bidon fuit ou éclate, l'essence reste dans cette cuvette et ne se répande pas au dehors.

Dans les maisons où existe une distribution de gaz d'éclairage, le robinet principal de la colonne montante doit pouvoir être fermé de l'extérieur de l'immeuble ; ce robinet est contenu dans le coffret de la compagnie du gaz dont le concierge de l'immeuble doit avoir la clef pour le fermer en cas d'incendie. (Voir à ce sujet le volume XI.)

Nous donnons dans les plans ci-après des exemples de distribution de bâtiments modernes, pour la ville et la campagne.

Une maison à loyers bien comprise doit comporter :

1 loge de concierge claire et aérée avec salon d'attente pour les visiteurs ;

1 ascenseur desservant tous les étages ;

1 monte-charges desservant tous les étages ;

1 tube pour la chute des ordures ménagères (voir volume XII, page 88).

1 escalier de maîtres ;

1 escalier de service ;

1 remise à bicyclettes ;

L'eau, le gaz, et l'électricité à tous les étages ; les water-closets avec tout à l'égout ; des salles de bains.

Le téléphone urbain dans la loge du concierge avec relais chez les locataires.

Le chauffage central de tout le bâtiment ; la température prévue généralement dans les baux est de 15°, qui doit être entretenue par les soins du propriétaire.

Fig. 34 et 35. — Plans d'appartements avec indication de l'emplacement des radiateurs pour le chauffage.

Fig. 36 à 39. — Plans des divers étages d'une maison de rapport confortable.

Fig. 40 à 42. — Plans des étages d'un hôtel particulier.

PLAN DU REZ-DE-CHAUSSÉE.

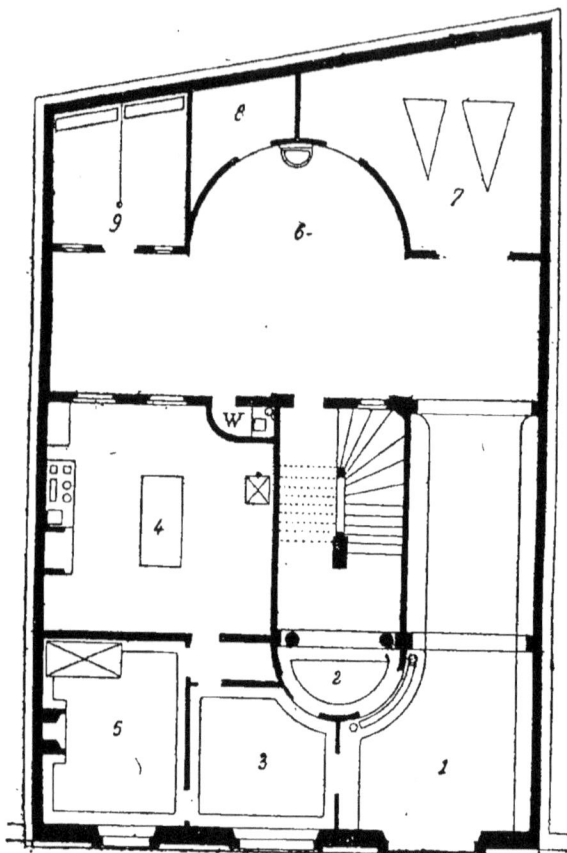

Fig. 40.

PLAN DU REZ-DE-CHAUSSÉE

1. Passage des voitures.
2. Vestibule.
3. Vestiaire.
4. Cuisine.
5. Chambre de cuisinière.

6. Cour.
7. Remise.
8. Sellerie.
9. Écurie.

PLAN DU PREMIER ÉTAGE

10. Salle à manger.
11. Antichambre.
12. Grand salon.

13. Petit salon.
14. Cabinet.
15. Office.

PLAN DU SECOND ÉTAGE

16. Petit Salon.
17. Chambre de Madame.
18. Chambre de Monsieur.
19. Antichambre.

20. Toilette.
21. Vestiaire.
22. Salle de bains.
23. Chambre.

Plan des appartements d'un

PLAN DU 1er ÉTAGE.

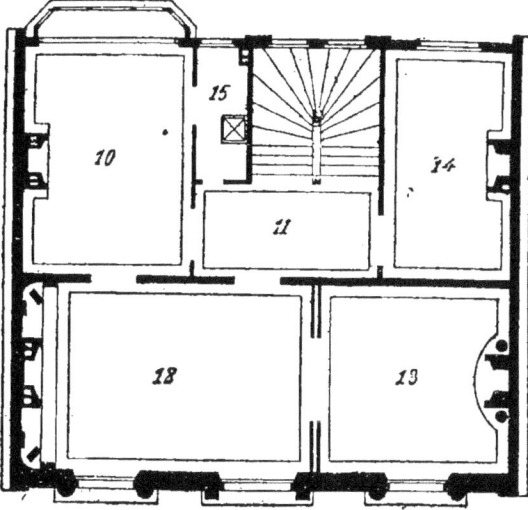

PLAN DU 2e ÉTAGE.

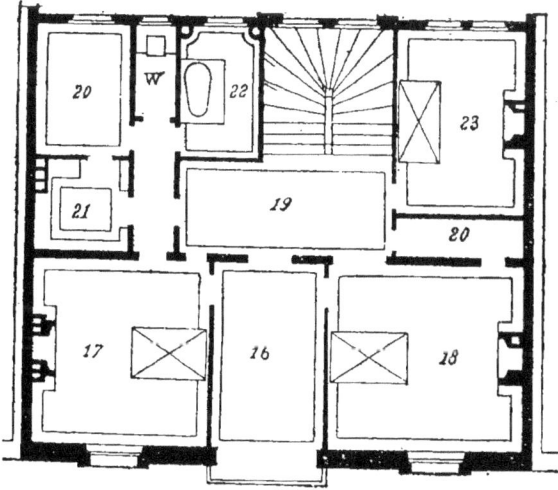

Fig. 41 et 42.

hôtel particulier à Paris.

CHAPITRE III

PRIX DE REVIENT DES MAISONS D'HABITATION

Nous devons à M. Jardin, architecte à Paris, les renseignements suivants sur les prix de revient d'immeubles qu'il a construits tant à Paris qu'en province.

Ces prix, établis suivant les cours des matériaux à Paris en 1913, sont évidemment sujets à varier en plus ou en moins selon le pays où l'on construit ; nous ne les donnons qu'à titre de renseignements approximatifs.

Mesures commerciales des matériaux. — Le prix d'une maison étant toujours basé sur la surface construite, l'architecte doit utiliser le plus possible cette surface de façon à en perdre le moins possible, en étudiant ses plans.

Il faut dans la distribution éviter les parties biaises ou les utiliser, limiter les dégagements, calculer les planchers pour supprimer les gros murs intérieurs dont l'épaisseur augmente inutilement la surface bâtie.

L'architecte doit tenir compte de la dimension commerciale de tous les matériaux ; ainsi, les longueurs des bois étant de 0 m. 33 en 0 m. 33, la dimension des chambres doit être calculée pour éviter de couper les solives, car ce serait une perte : si par exemple on emploie des madriers de 4 m. 66, longueur commerciale, avec portée de 0 m. 20 sur mur et 0 m. 16 sur cloisons, il restera une longueur utile de 4 m. 10 ; or, si la chambre n'avait que 3 m. 90 il y aurait 0 m. 20 de perte à chaque solive, ce qu'il faut éviter.

Il en est de même pour les fers dont les longueurs sont de 0 m. 50 en 0 m. 50 et de tous les autres matériaux du commerce.

Dans les plans, la situation de la cuisine, des water-closets et des cabinets de toilette et salle de bains, doit être étudiée de façon à réduire au strict minimum la longueur des canalisations d'eau et de vidange.

Plus les conduites sont courtes, simples et directes, mieux elles fonctionnent et moins elles coûtent cher.

Il faut utiliser les matériaux nouveaux qui offrent l'économie et la solidité tels que : corniches en staff. Revêtements céramiques — enduits stuc — mortiers colorés — béton aggloméré — grès flammés — ciments armés — fibro-ciment — plâtres armés — mosaïques nouvelles — hourdis légers — nouveaux appareils sanitaires — nouvelles tentures — verres spéciaux.

Comparaison des prix au mètre carré de surface bâtie non compris l'achat du terrain.— *Villas ou maisons de campagne :* 1° Villa à simple rez-de-chaussée : Une maison à simple rez-de-chaussée sur cave coûte 140 à 150 francs le mètre carré.

2° *Villa avec rez-de-chaussée et mansarde :* Une villa avec cave, rez-de-chaussée et mansarde coûte de 175 à 195 francs le mètre carré suivant la hauteur de la partie rampante du dessous de toiture visible dans l'intérieur des pièces.

3º *Villa avec rez-de-chaussée et un étage :* Une villa comprenant sous-sol, rez de-chaussée et 1ᵉʳ étage avec grenier perdu, coûte en moyenne 250 francs le mètre carré.

Résumé des évaluations au mètre carré. — Pour résumer les études de prix au mètre carré détaillés ci-dessus, voici les chiffres définitifs sur lesquels ont peut se baser pour estimer une maison :

Une villa avec un simple rez-de-chaussée			150 fr
— un rez-de chaussée et mansarde			172 —
— — et demi-étage, c'est-à-dire avec 1 m. 60 de haut de mur ...			195 —
— — et 1ᵉʳ étage complet .			240 —
Un rez-de-chaussée avec 1ᵉʳ étage et grenier			265 ·
— — et mansarde			290 —
— — et demi-étage			300 —
— — et demi-étage et tourelle			320 —
— — et 2ᵉ étage complet sans pénétration dans la toiture.			345 —

Ce qui revient à constater que le prix du mètre carré est d'environ 115 francs par étage.

Petits hôtels particuliers. — Les petits hôtels particuliers ont habituellement leurs pignons mitoyens et le prix de revient du mètre carré est à peu près le même que celui des villas, soit de 250 à 300 francs le mètre carré. Si le bâtiment est isolé, il faut compter 350 à 400 francs le mètre carré.

Évaluation de la dépense au mètre carré pour utiliser les combles.

Un grenier nécessite une dépense de	35	francs le mètre carré
Une simple mansarde coûte	58	— —
Un bris mansard revient à	90	— —
Un étage complet revient à	115	— —

Maisons de rapport. — Voici comment on peut évaluer le prix d'une maison de rapport :

Rapport d'une maison. — Il ne faut pas que le revenu brut d'une maison de rapport soit inférieur à sept pour cent du montant de la dépense, terrain compris, car les charges annuelles étant d'environ un cinquième du revenu brut, le revenu net n'est plus ainsi que de cinq et demi pour cent.

C'est pourquoi il est indispensable de calculer le plus exactement possible les prévisions locatives en établissant les plans de façon à tenir compte du genre d'appartement qui est le plus avantageusement loué dans le quartier où l'on construit.

Les fondations. — Le calcul des fondations est très important et doit être fait très minutieusement, car dans certains quartiers de Paris, le terrain solide n'existe pas et il fallait autrefois soit construire sur des pieux, ou établir des puits très profonds supportant des arcs de décharge.

Actuellement, les progrès du ciment armé ont permis de faire de vastes plateaux sur lesquels la maison peut être montée en toute sécurité, et l'emploi du ciment armé dans cette circonstance permet de réaliser une économie sérieuse. (Voir volume 1er).

Maison à petits loyers. — Il s'agit ici de la maison à petits loyers n'excédant pas 500 francs de location pour 2 pièces et une cuisine avec entrée, water-closets et débarras.

Ce genre de maison a généralement ses façades en briques blanches avec peu de pierre de taille et les intérieurs sont simples. Il se construit sur des terrains de moins de 100 francs le mètre.

Ainsi une maison de ce genre à 5 étages peut être évaluée comme suit :

Caves	50 fr.
Rez-de-chaussée	105 —
5 étages à 95 fr.	475 —
Couverture	40 —
Prix de revient du mètre carré	670 fr.

En supposant le terrain solide. Il est évident que ces prix varient un peu suivant l'emplacement du terrain, son altitude et la nature du sol sur lequel on construit.

Maison confortable moderne. — La maison confortable moderne coûte plus cher, car les façades sont en pierre de taille et une certaine décoration est indispensable aux appartements.

Le prix du mètre carré augmente de 30 à 50 francs par étage, ce qui fait qu'une maison à 6 étages revient à environ 1.000 francs le mètre carré.

Il y a quelques années la construction était beaucoup moins chère, mais il est difficile à présent d'évaluer à moins que les prix indiqués ci-dessus pour rester dans la vérité.

Maison luxueuse. — La maison luxueuse qui comprend : ascenseur, chauffage central, décoration soignée des appartements et tous les perfectionnements récents, revient à un prix du mètre carré beaucoup plus élevé.

Pour ce genre de maison, la dépense au mètre carré peut atteindre 250 francs par étage, soit 1.500 francs du mètre superficiel pour une maison à 6 étages, ce qui double le prix de la maison à petits loyers.

Les perfectionnements modernes de l'habitation à la campagne. — Dans les pays où il n'existe pas de service public d'eau, on peut avec un bon puits et un réservoir spécial à air comprimé installé dans la cave, distribuer l'eau dans les étages et dans les jardins. L'installation de ce réservoir coûte environ 500 francs de plus qu'une installation ordinaire d'eau de ville, et cette dépense est vite regagnée, car il n'y a ni compteur ni abonnement d'eau à payer et beaucoup de propriétaires préfèrent avoir ainsi leur eau gratuitement avec ce genre de réservoir qui ne nécessite aucun entretien.

On peut également faire à peu de frais, l'installation du chauffage dans une villa : ainsi un calorifère à feu continu et à air chaud avec quatre ou cinq bouches de chaleur coûte à peu près 150 francs par bouche soit 650 francs environ pour une villa ordinaire.

Le calorifère à eau chaude revient à environ 250 francs par radiateur et comme avec quatre radiateurs on peut chauffer une villa entière, pour 1.000 francs on peut avoir un chauffage à eau chaude complet.

Comme on le voit, la différence entre un calorifère à air chaud et un chauffage à eau chaude représente une plus-value de 100 francs par radiateur sur une bouche de chaleur.

Pour remplacer la fosse d'aisance, l'étude des fosses septiques a permis de créer un épurateur de dimensions restreintes qui détruit les matières organiques et les transforme en eau incolore et inodore pouvant s'évacuer comme les eaux de pluie ordinaires. Cet épurateur ne donne aucune odeur et peut se placer dans le sous-sol d'une maison. — Il supprime les frais de vidange et ne coûte pas plus cher que la fosse d'aisance qu'il remplace avantageusement (voir volume XII).

CHAPITRE IV

PLANS DE VILLAS ET MAISONS DE CAMPAGNE

Les plans de villas, maisons de campagne, hôtels et maisons de rapport que nous donnons ci-après nous ont été presque tous communiqués par M. Jardin, architecte, à Paris.

Ces bâtiments ont tous été construits, quelques-uns l'ont été un grand nombre de fois; les prix indiqués par leur constructeur sont donc des documents incontestables.

Il est bien entendu que dans les prix que nous indiquons, au cours actuel des matériaux de construction, l'achat du terrain n'est jamais compté.

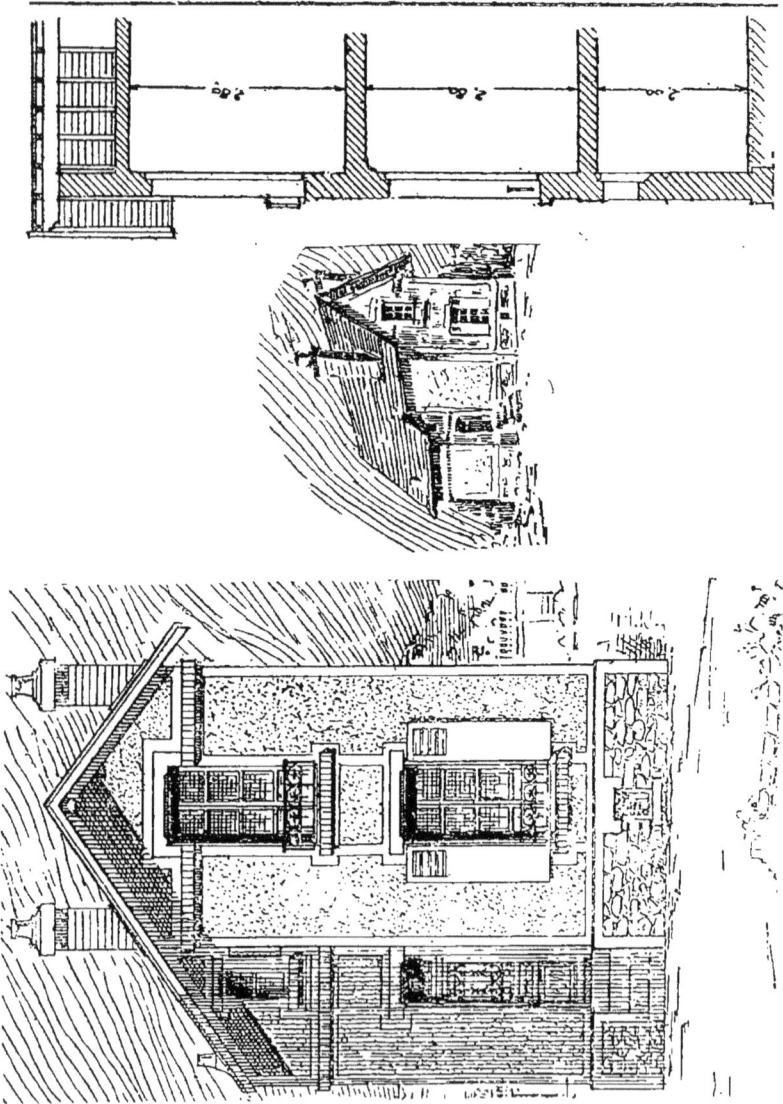

Fig. 63, 64 et 65.

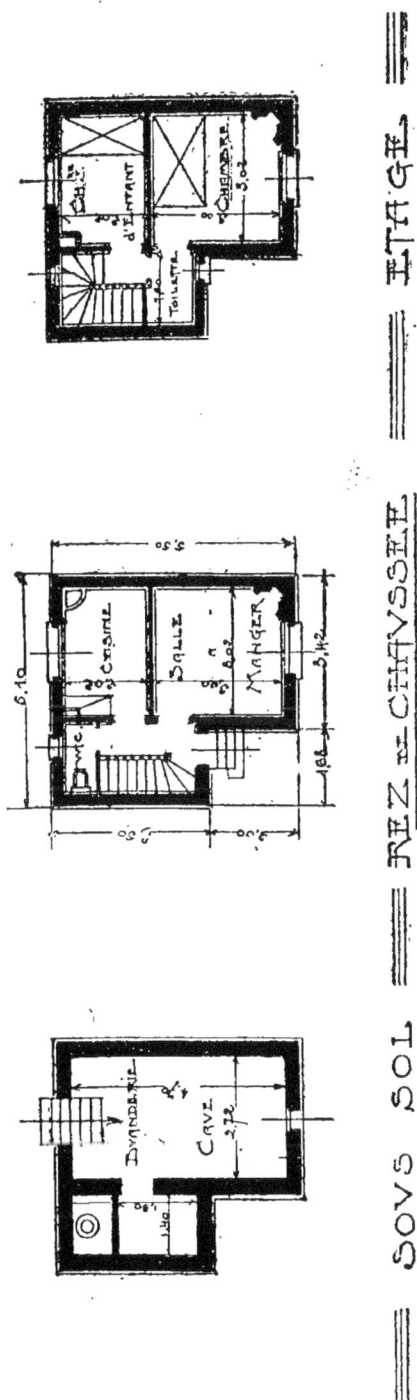

=== SOVS SOL === REZ DE CHAVSSEE === ETAGE ===

Fig. 46.

Distribution. — Cave ; Rez-de-chaussée : vestibule, water-closet, salle à manger, cuisine ; étage : 2 chambres et 1 cabinet. Surface construite prise sur le sol : 27 mètres carrés. — Prix du mètre carré : 228 francs.

Villa de 6.260 francs.

Fig. 47 et 48.

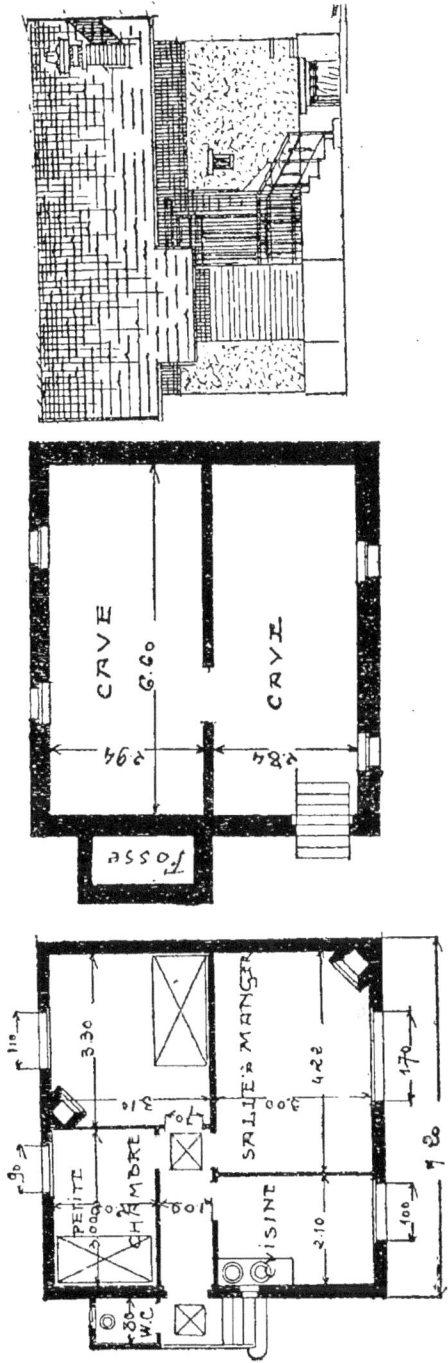

Fig. 49.

Distribution : — Cave ; Rez-de-chaussée : vestibule, salle à manger, 2 chambres, cuisine, water-closet.

Surface : 50 mètres carrés. — Prix du mètre carré : 140 francs.

Villa de 6.750 francs.

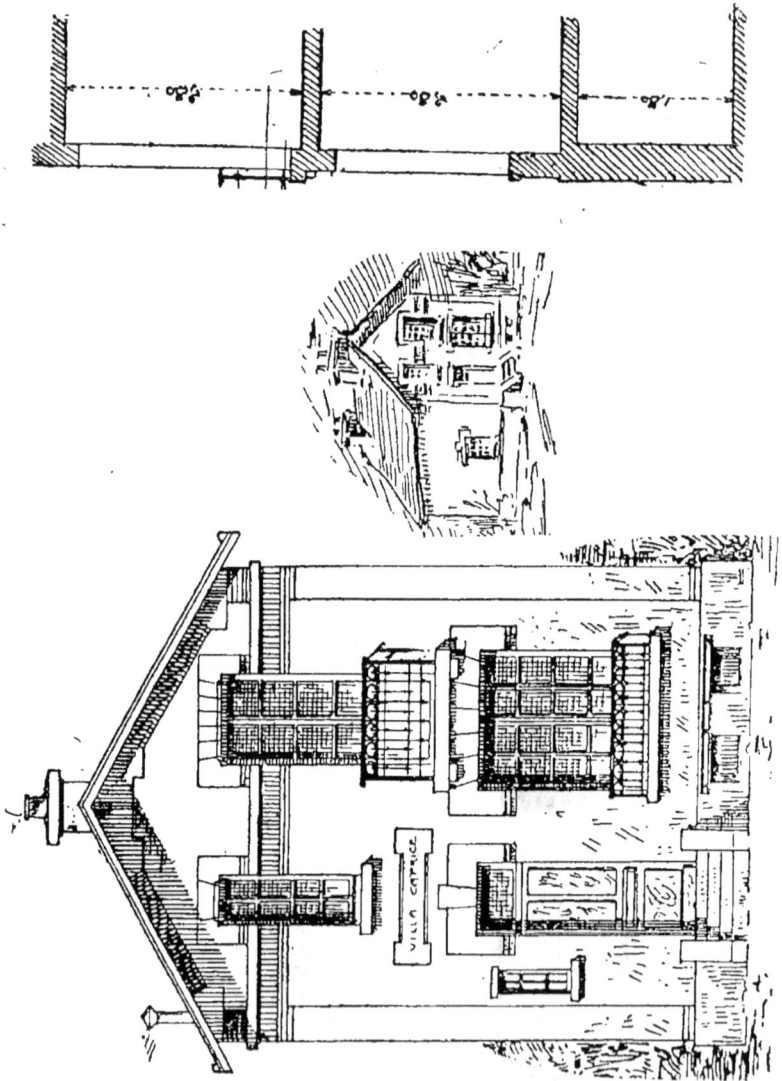

Fig. 50, 51 et 52.

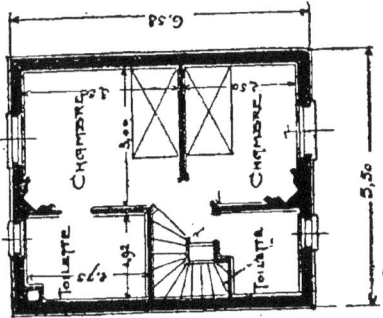

Fig. 53.

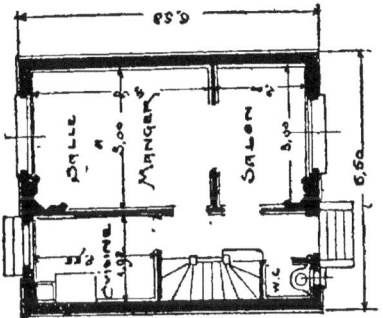

Destribution. — Cave ; rez-de-chaussée : vestibule, salon, salle à manger, cuisine, water-closet ; étage : 3 chambres, 1 toilette. — Surface 40 mètres carrés. — Prix du mètre carré : 225 francs.

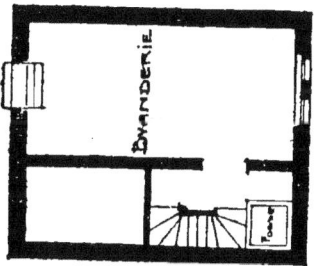

Villa de 9.000 francs.

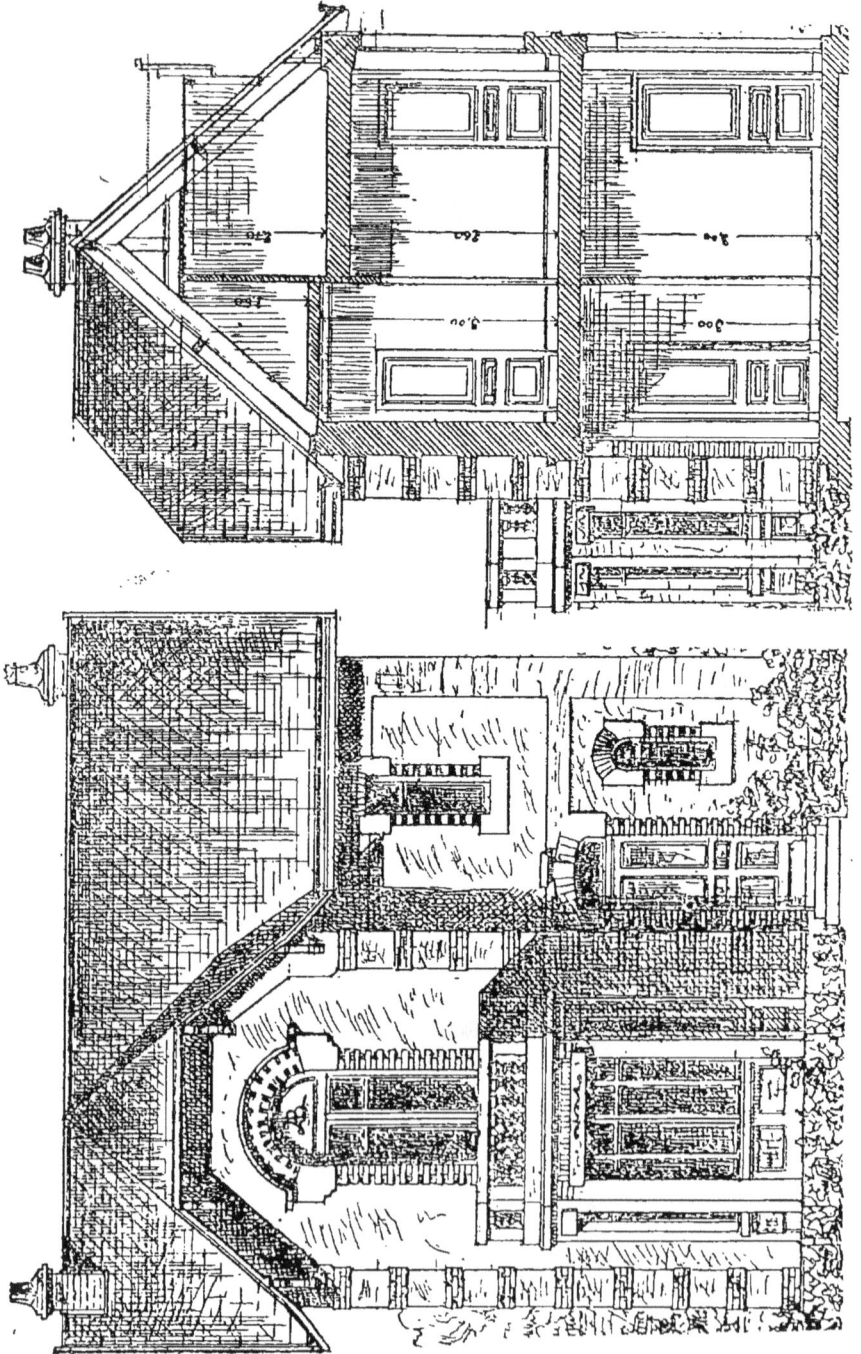

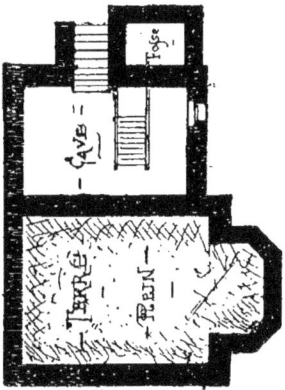

— PLAN DES CAVES —

— PLAN DU 1ᵉʳ ÉTAGE —

au dessus Chambre de bonne

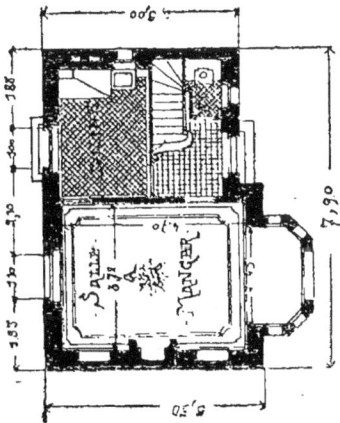

— PLAN DU REZ DE CHAUSSÉE —

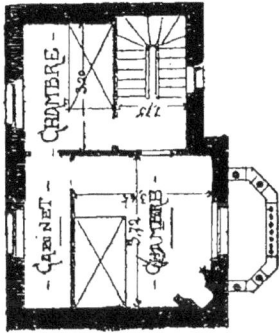

Fig. 56, 57 et 58.

Distribution. — Cave ; rez-de-chaussée : salle à manger, loggia, vestibule, cuisine et water-closet ; étage : 2 chambres et 1 cabinet ; mansarde au-dessus.

Surface de la loggia : le mètre carré 120 francs. — Bâtiment : 41 mètres carrés. — Le mètre carré 245 francs.

Villa de 10.200 francs.

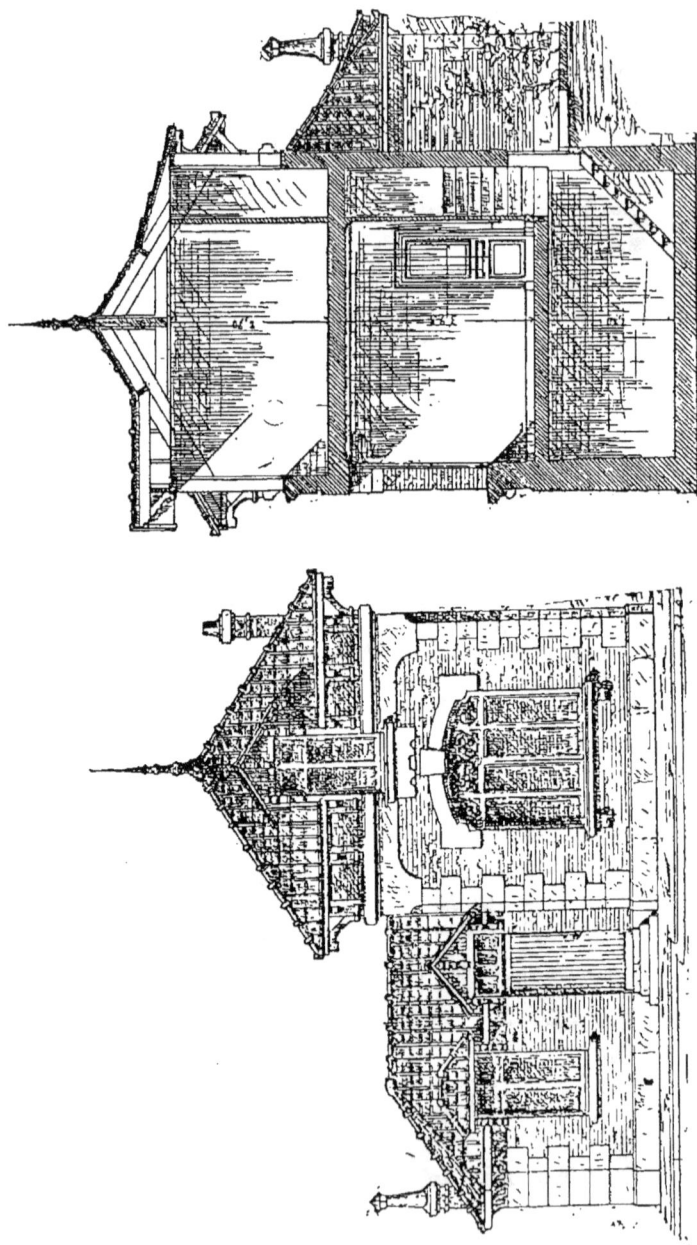

Fig. 62 et 63.

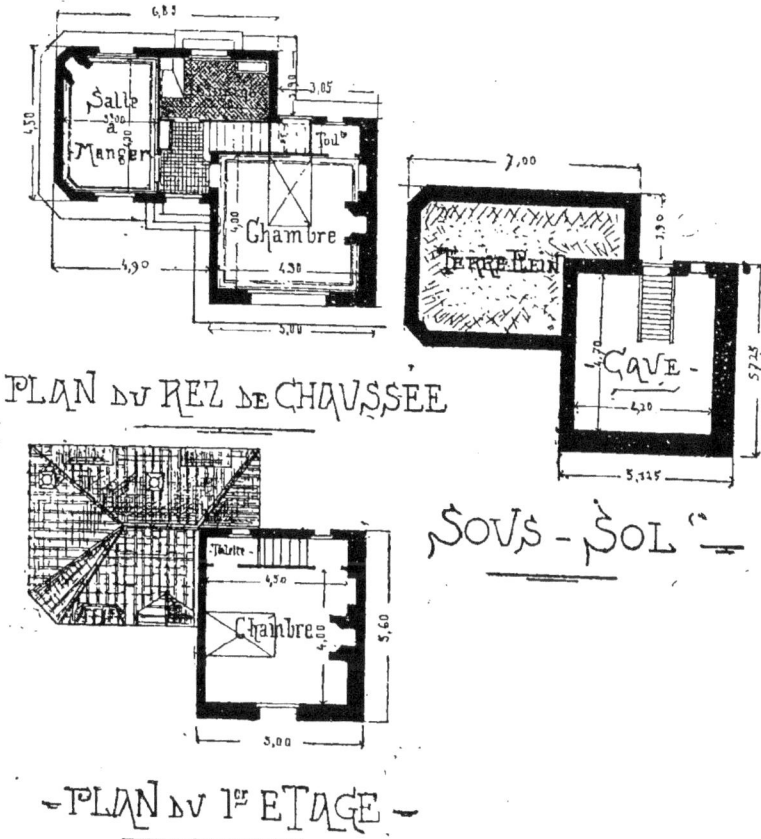

PLAN DU REZ DE CHAUSSÉE

SOUS - SOL

PLAN DU 1er ETAGE

Fig. 59, 60 et 61.

Distribution. — Cave ; Rez-de-chaussée : vestibule, salle à manger, cuisine, chambre, garde-robe ; étage : chambre, 1 cabinet. — Surface rez-de-chaussée : 26 mètres carrés ; prix, 110 francs le mètre carré. — Surface étage : 26 mètres carrés ; prix 192 francs le mètre carré. —

Prix du Pavillon : 8.100 francs.

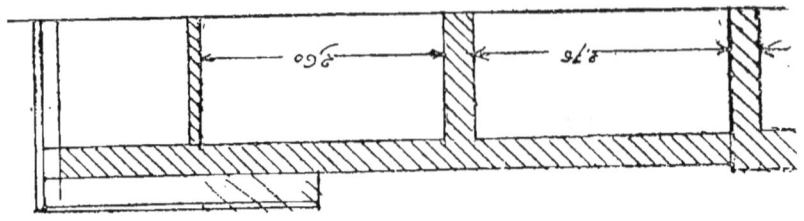

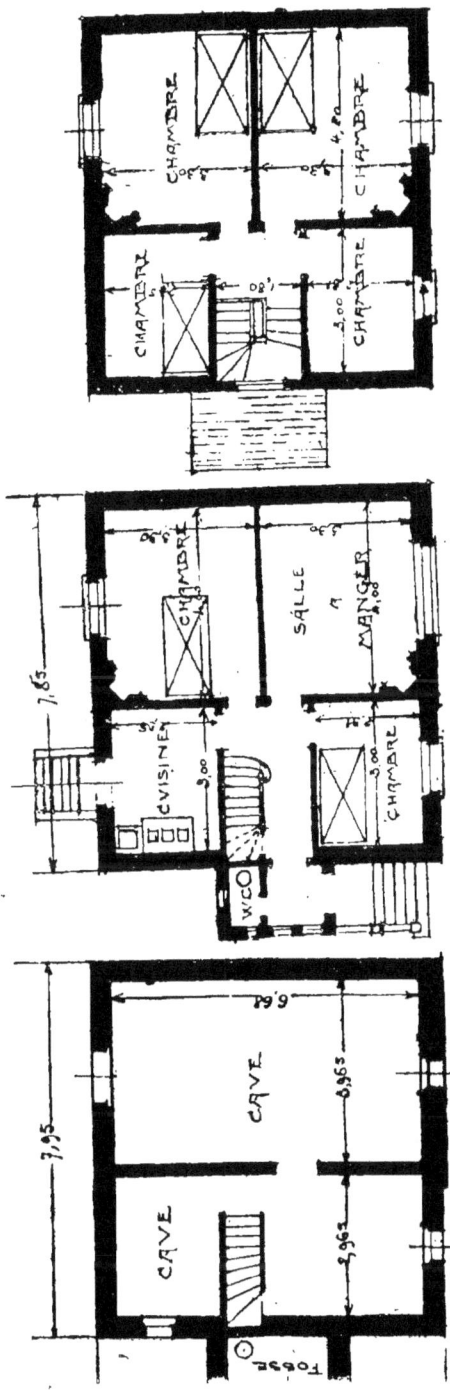

— SOUS-SOL —   — REZ DE CHAUSSÉE —   — 1ᵉʳ ÉTAGE —

Fig. 66, 67 et 68.

Distribution. — Cave ; rez-de-chaussée : vestibule, water-closet, cuisine, salon, salle à manger, chambre ; étage : palier, 4 chambres. — Bâtiment principal : surface, 60 mètres carrés ; prix, 177 francs le mètre. — ace appenti : 4 m. 50 ; prix : 120 fr. le mètre.

Villa de 10.900 francs.

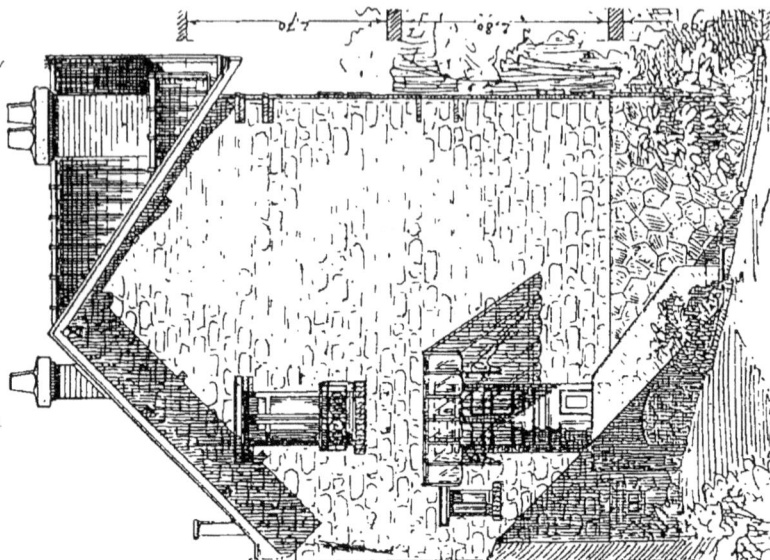

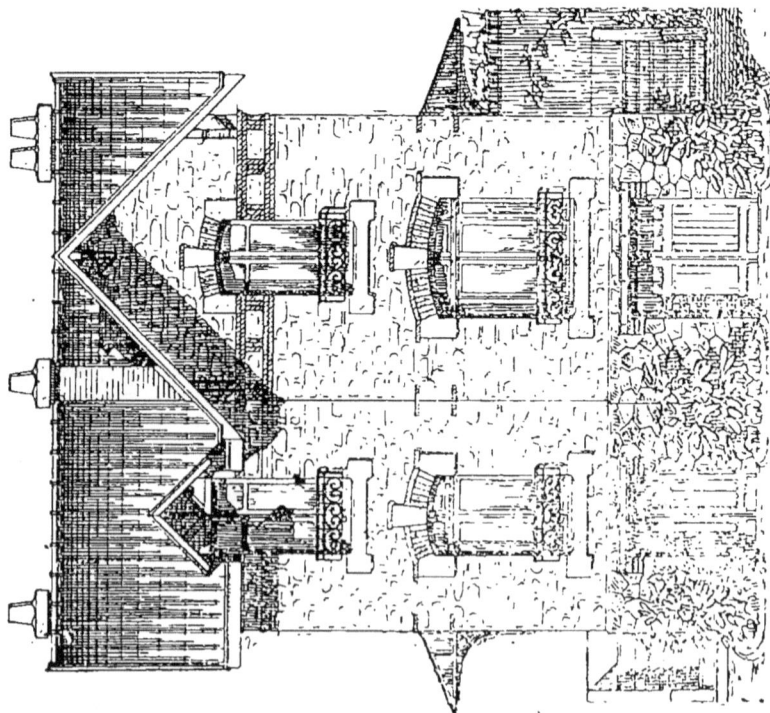

Fig. 69 et 70.

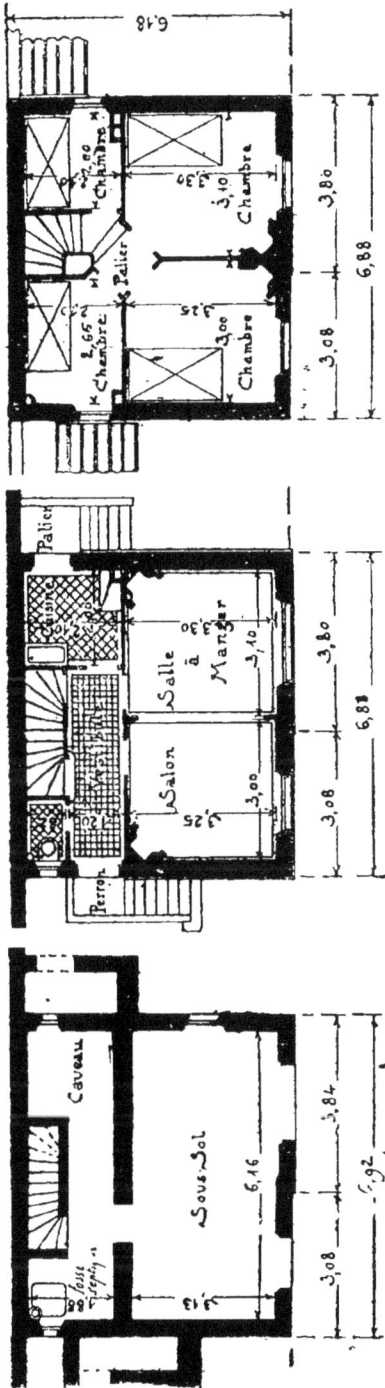

REZ-DE-CHAUSSÉE   1ᵉʳ ÉTAGE

SOUS-SOL

Fig. 71, 72 et 73.

Distribution. — Sous-sol ; rez-de-chaussée : vestibule, salon, salle à manger, cuisine, w.-c.; étage : 2 chambres et 2 chambrettes.

Surface construite prise sur le sol : 43 mètres carrés. — Prix du mètre carré : 235 francs.

Villa de 10.000 francs.

Fig. 74. — Villa de 19.000 francs.

La villa de 10.000 francs est un modèle courant pouvant être facilement augmenté de surface, suivant le prix que l'on veut y mettre.

La différence de prix repose uniquement sur la surface construite, car le prix du mètre carré est à peu près le même pour chaque variante de ce genre de villa.

En examinant la distribution intérieure de ce type, on y retrouve le plan simple et commode de beaucoup de villas de la banlieue de Paris. Ce modèle comprend : vestibule, salon, salle à manger, cuisine, w.-c., 2 chambres ordinaires, une petite chambre et une toilette ou salle de bain.

La dimension de ces différentes pièces varie suivant le prix.

Le sous-sol de ces villas peut être utilisé très facilement en le surélevant un peu, car on peut y installer une remise, un garage ou une salle qui, se trouvant au niveau du jardin, devient très agréable l'été et la villa est ainsi utilisée même en sous-sol.

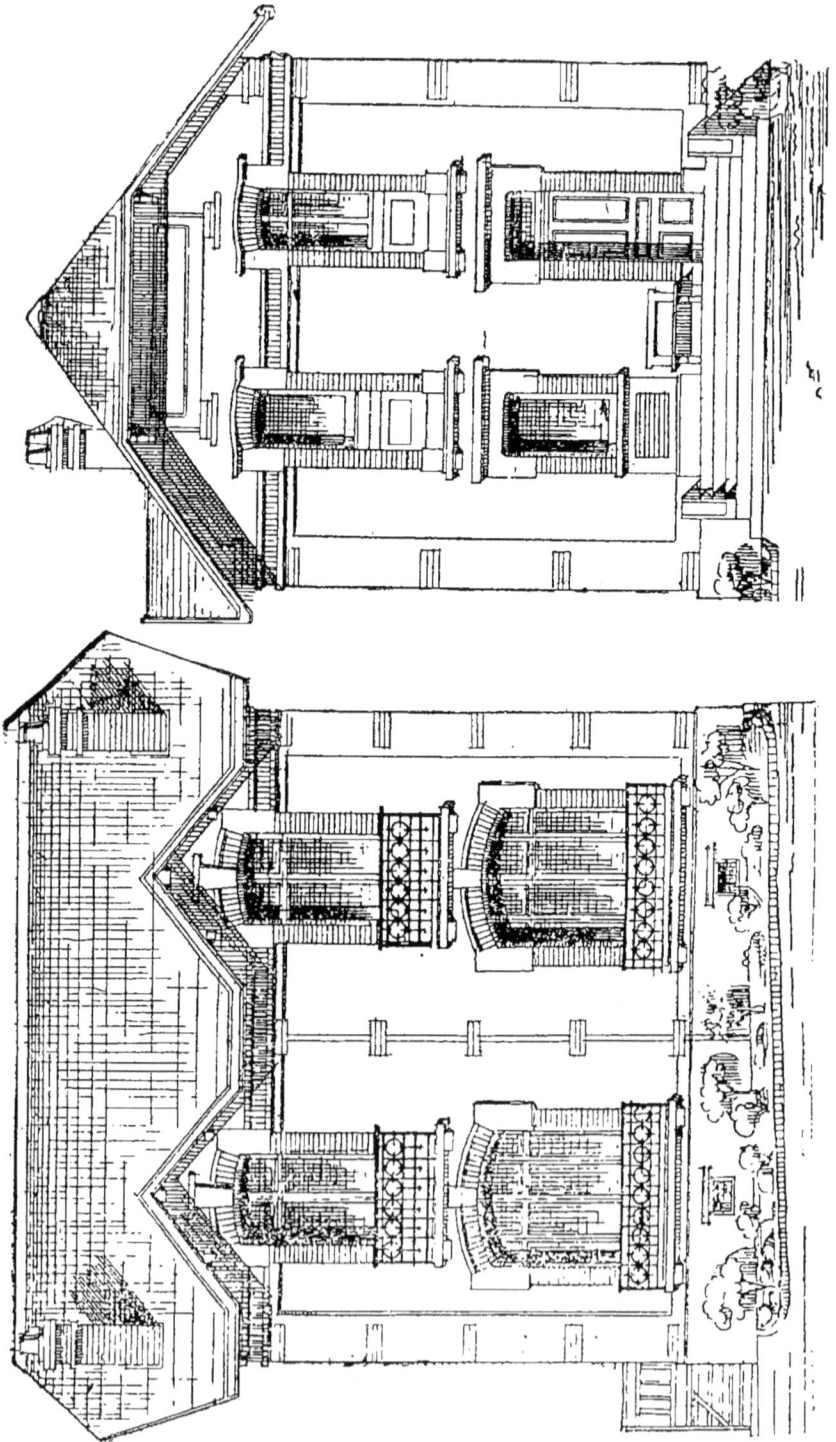

Fig. 75 et 76.

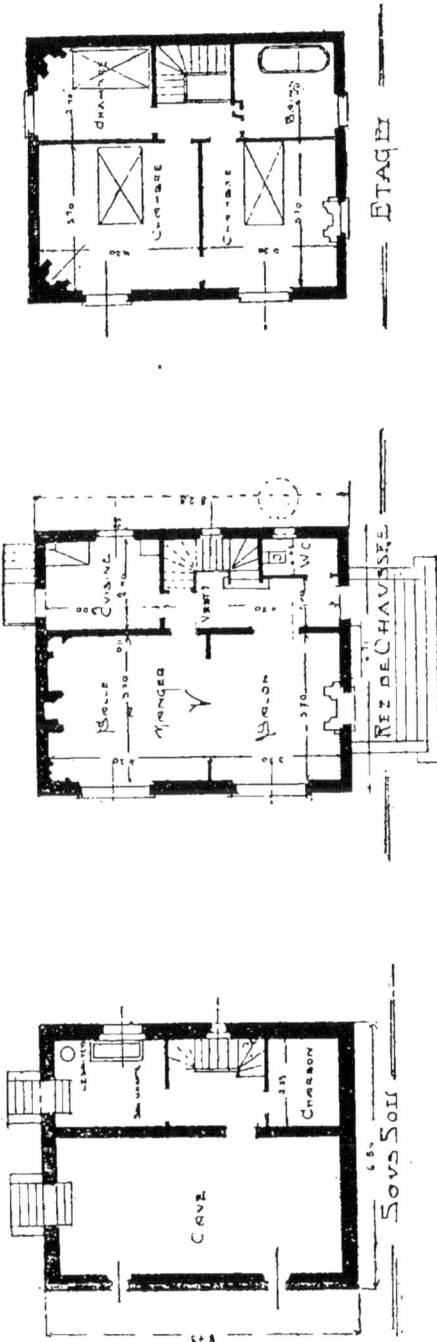

Fig. 77, 78 et 79.

Distribution. — Sous-sol ; rez-de-chaussée : vestibule, salon, salle à manger, cuisine, water-closets ; étage : 3 chambres et une salle de bain. — Prix du mètre carré : 246 francs. — Surface construite prise sur le sol : 59 mètres carrés. — **Villa de 14.800 francs.**

Fig. 80.

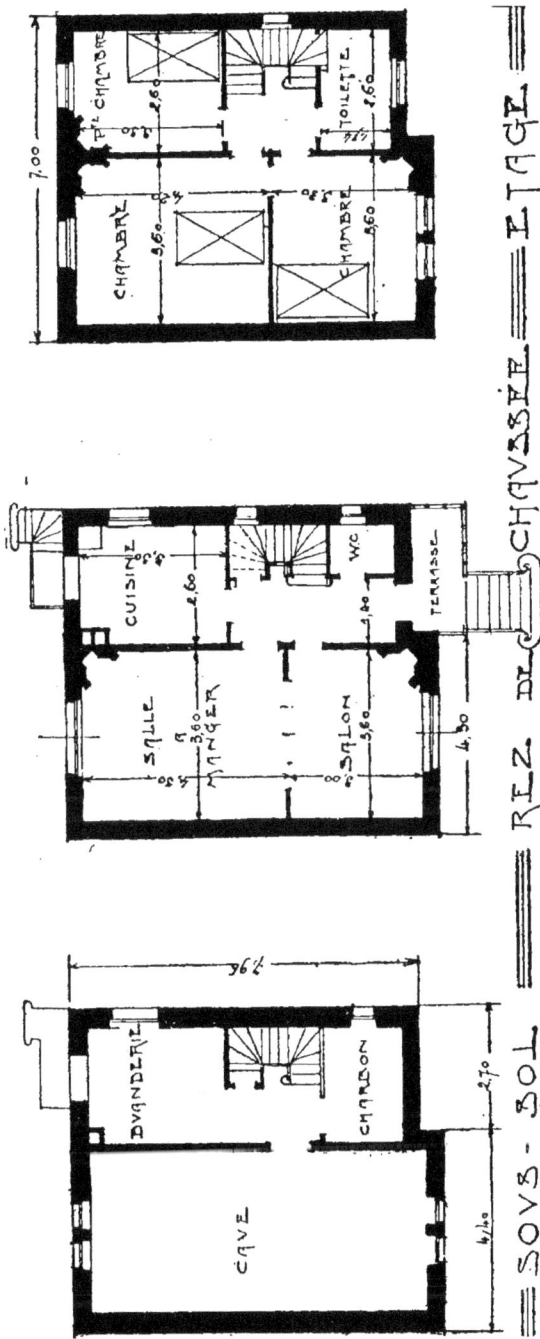

Fig. 81, 82 et 83.

Distribution. — Sous-sol ; rez-de-chaussée : salon, salle à manger, cuisine, vestibule, w. c. ; étage : 3 chambres et 1 toilette. — Prix du mètre carré : 244 fr. Surface construite prise sur le sol : 58 mètres carrés. —

Villa de 13.800 francs.

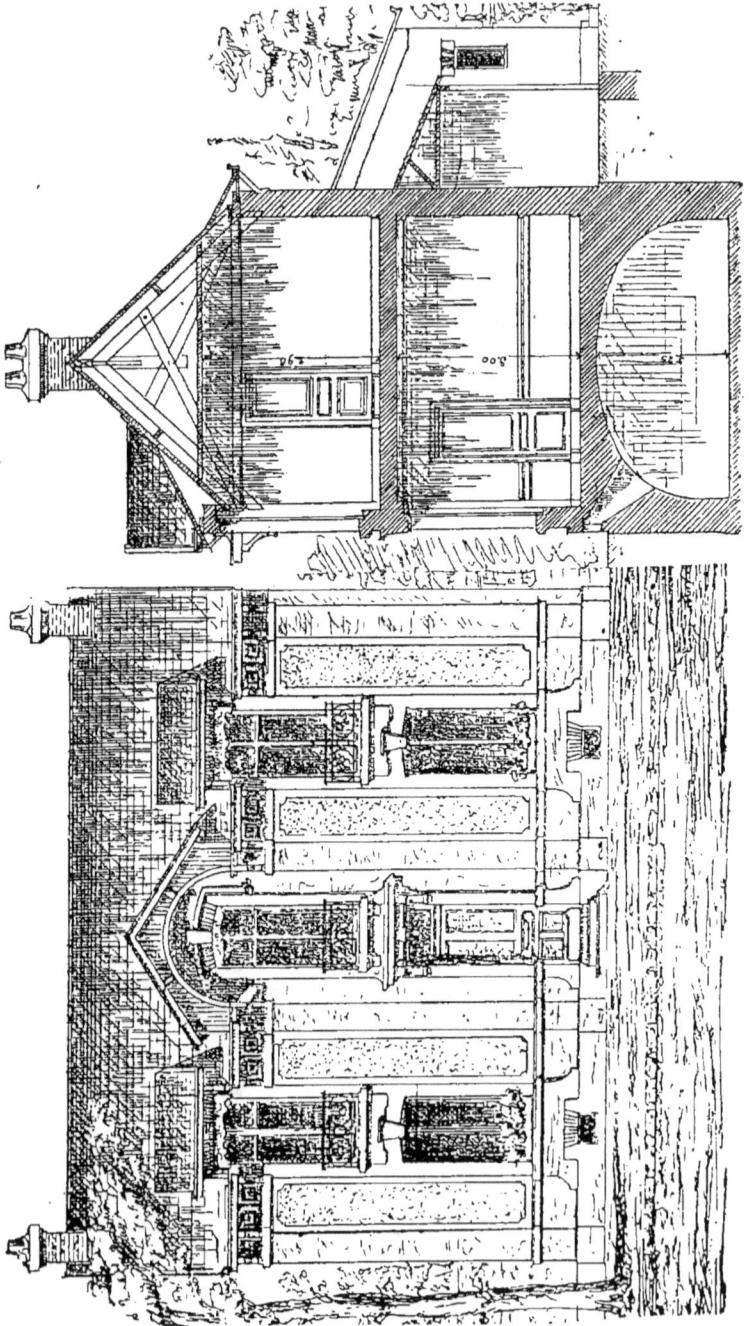

Fig. 85 et 86.

SOUS-SOL

PLAN DU 1er ÉTAGE

Fig. 84.

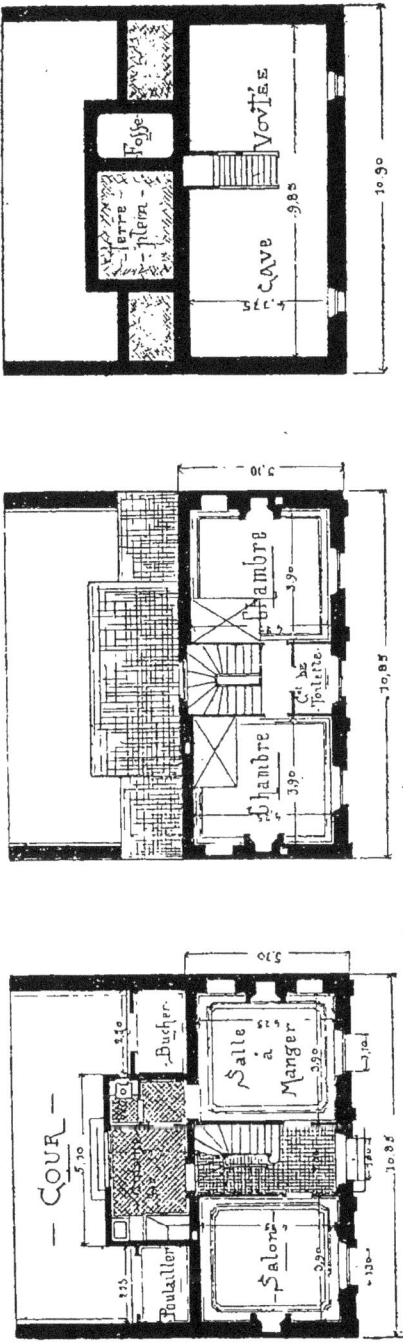

PLAN DU REZ-DE-CHAUSSÉE

Distribution — Cave ; rez de chaussée : salon, salle à manger, cuisine, vestibule, w.-cl.; étage : 2 chambres et un cabinet.

Surface appenti : 15 mètres carrés. Prix du mètre carré, 115 francs.
Surface bâtiment 55 mètres carrés. Prix du mètre carré : 195 francs.

Villa de 12.450 francs.

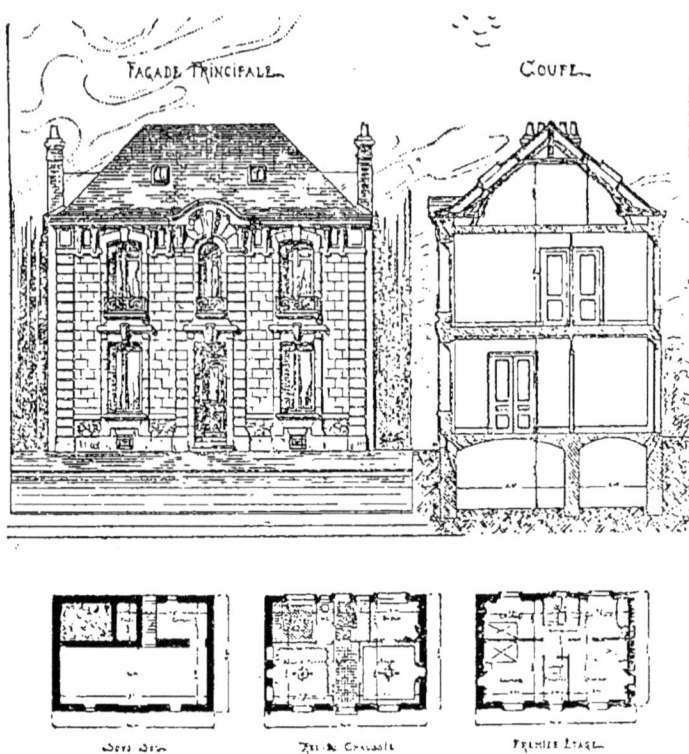

Fig. 87.

Distribution — Cave ; rez-de-chaussée : salon, salle à manger, bureau, cuisine, vestibule, water-closet ; étage ; 3 chambres, salle de bains, toilette.— Surface : 68 mètres carrés. — Prix du mètre carré : 230 francs. — Maison de 15.500 francs.

Construction économique des dépendances de la maison de campagne. — Les plans que nous reproduisons ne comportent que l'habitation proprement dite. Mais, à la campagne, il est nécessaire autant qu'agréable d'avoir ce que l'on est convenu d'appeler des *communs*, si modestes soient-ils : la remise pour les outils de jardinage, pour les bicyclettes, pour l'automobile ; le poulailler, la buanderie, etc., sont à prévoir forcément.

On peut réaliser à bon marché les locaux nécessaires à tous ces services au moyen d'un simple *appentis* couvert en tuiles ou seulement en tôle ondulée, fibro-ciment ou autre couverture économique. Il faut se rappeler que l'appentis adossé à l'habitation doit être *couvert en dur*, car autrement sa seule présence entraînerait une surtaxe de l'assurance contre l'incendie de tout l'ensemble des constructions.

Un appentis couvert en tôle ondulée ou en fibro-ciment ne coûte guère que 10 francs le mètre carré ; couvert en tuiles, 12 francs environ.

Certains architectes mettent sous cet appentis les cabinets d'aisances, afin d'éviter les odeurs dans la maison d'habitation quand l'eau n'est pas à profusion.

Pour la recherche, le puisage et la distribution de l'eau, consulter notre livre *La Force motrice et l'Eau à la Campagne.*

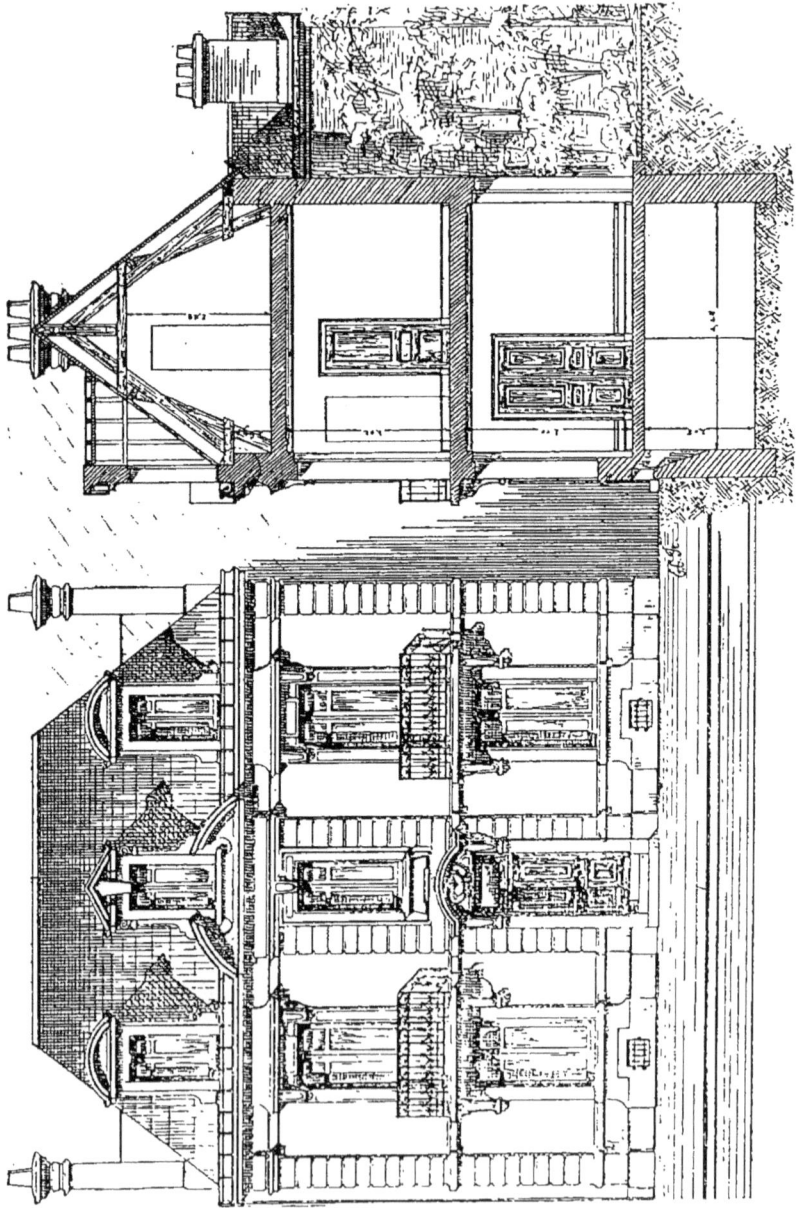

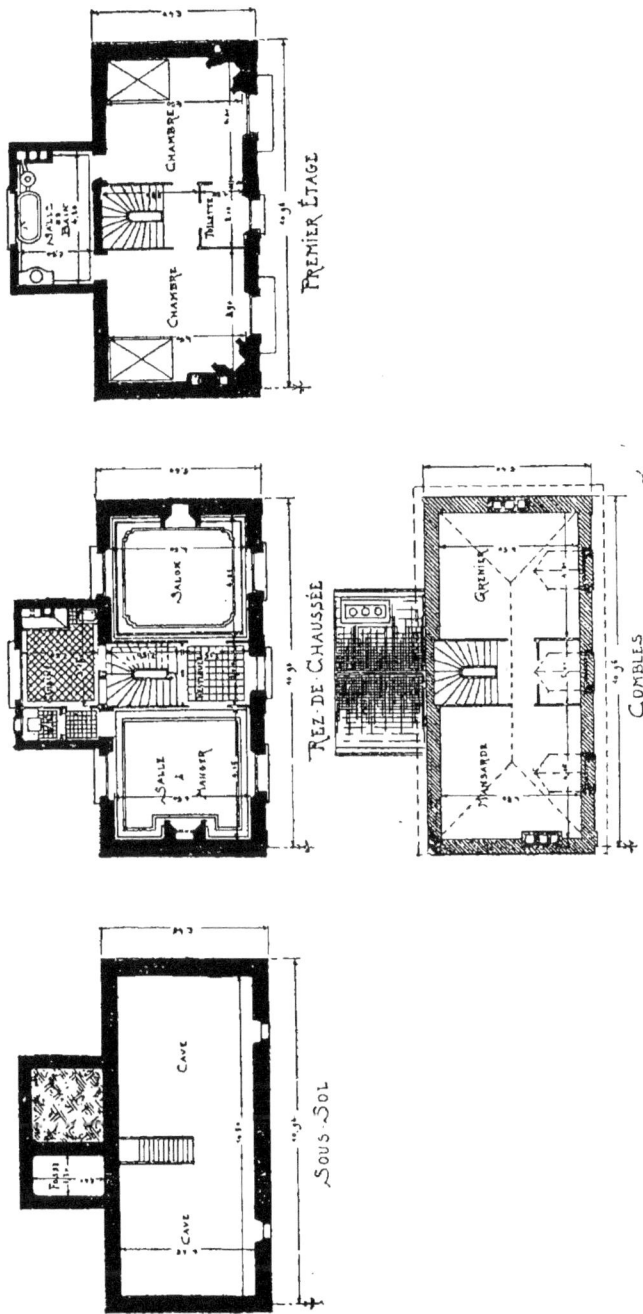

Fig. 90 à 93.

Distribution. — Cave ; rez-de-chaussée : salon, salle à manger, cuisine, vestibule et w.-c. ; étage : 2 chambres, salle de bains, cabinet. — Surface construite prise sur le sol : 69 mètres carrés. — Prix du mètre carré : 230 fr.

Maison de 17.000 francs.

Fig. 94.

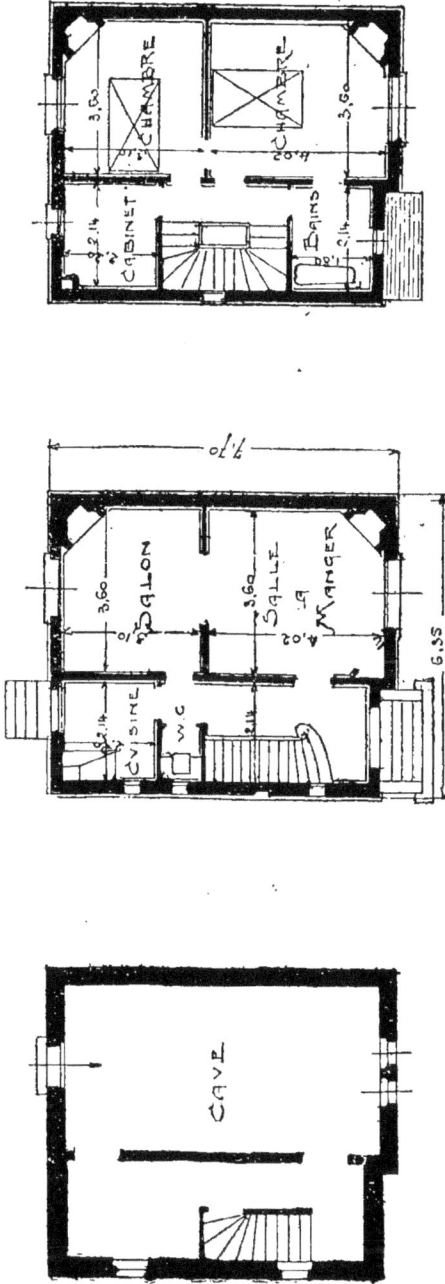

SOVS - SOL ═══ REZ_DE_CHAVSSÉE ═══ 1ᵉʳ ÉTAGE·

Fig. 95, 96 et 97.

Distribution. — Caves ; Rez-de-chaussée : salon, salle à manger, cuisine, vestibule, water-closet ; 1ᵉʳ étage : 2 chambres, 1 toilette, 1 salle de bains : 2ᵉ étage : 2 chambres, 2 cabinets. Surface : 53 mètres carrés. — Prix du mètre : 290 francs.

Villa à 2 étages de 15.000 francs.

Fig. 98.

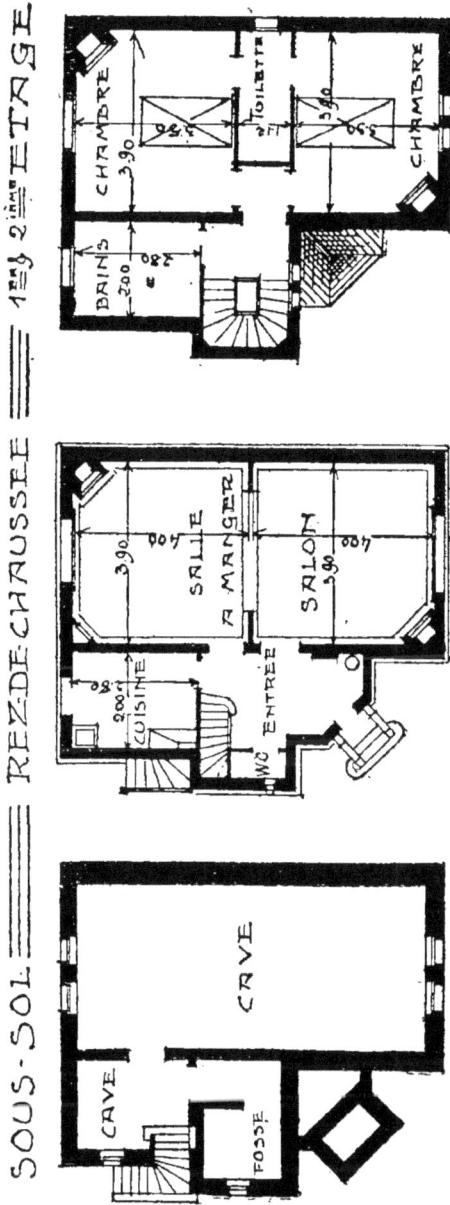

Fig. 99, 100 et 101.

Distribution. — Caves ; Rez-de-chaussée : vestibule, salon, salle à manger, cuisine et water-closet ; 1er étage : 2 chambres, 1 toilette, 1 salle de bains ; 2e étage : 2 chambres et 1 cabinet.

Surface : 56 mètres carrés. Prix du mètre : 310 francs.

Villa avec tourelle, de 17.400 francs.

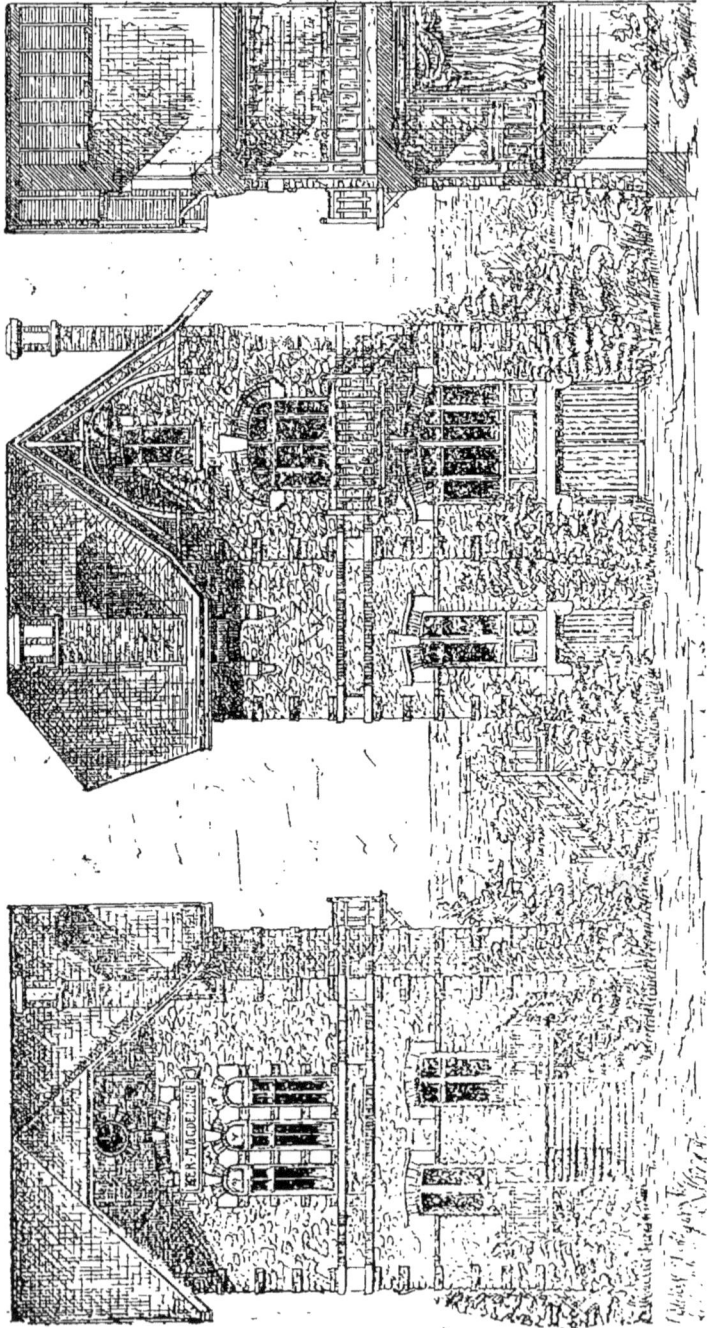

Fig. 102, 103 et 104.

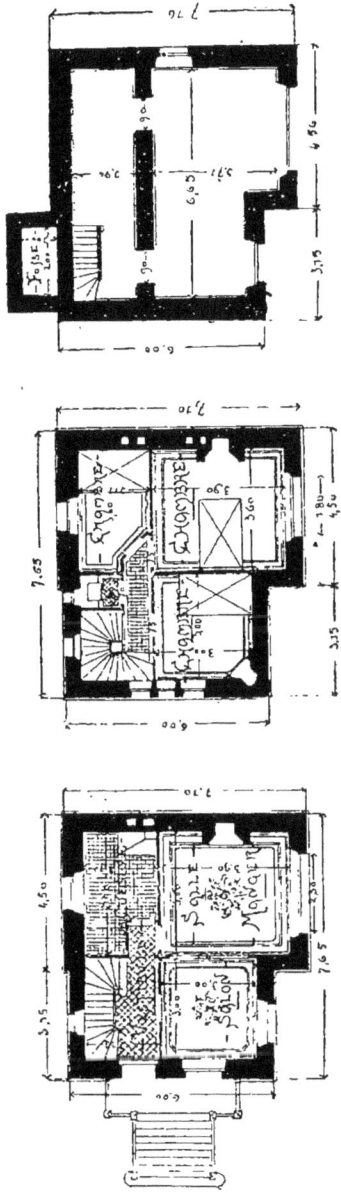

— REZ-DE-CHAUSSÉE — PREMIER ÉTAGE — SOUS-SOL —

Fig. 105, 106 et 107.

Distribution. — Cave et remise ; rez-de-chaussée : salon, salle à manger, cuisine, vestibule ; 1er étage : 3 chambres et water-closet ; 2e étage : 3 chambres. Surface : 53 mètres carrés. Prix du mètre carré : 300 francs.

Villa de 15.900 francs.

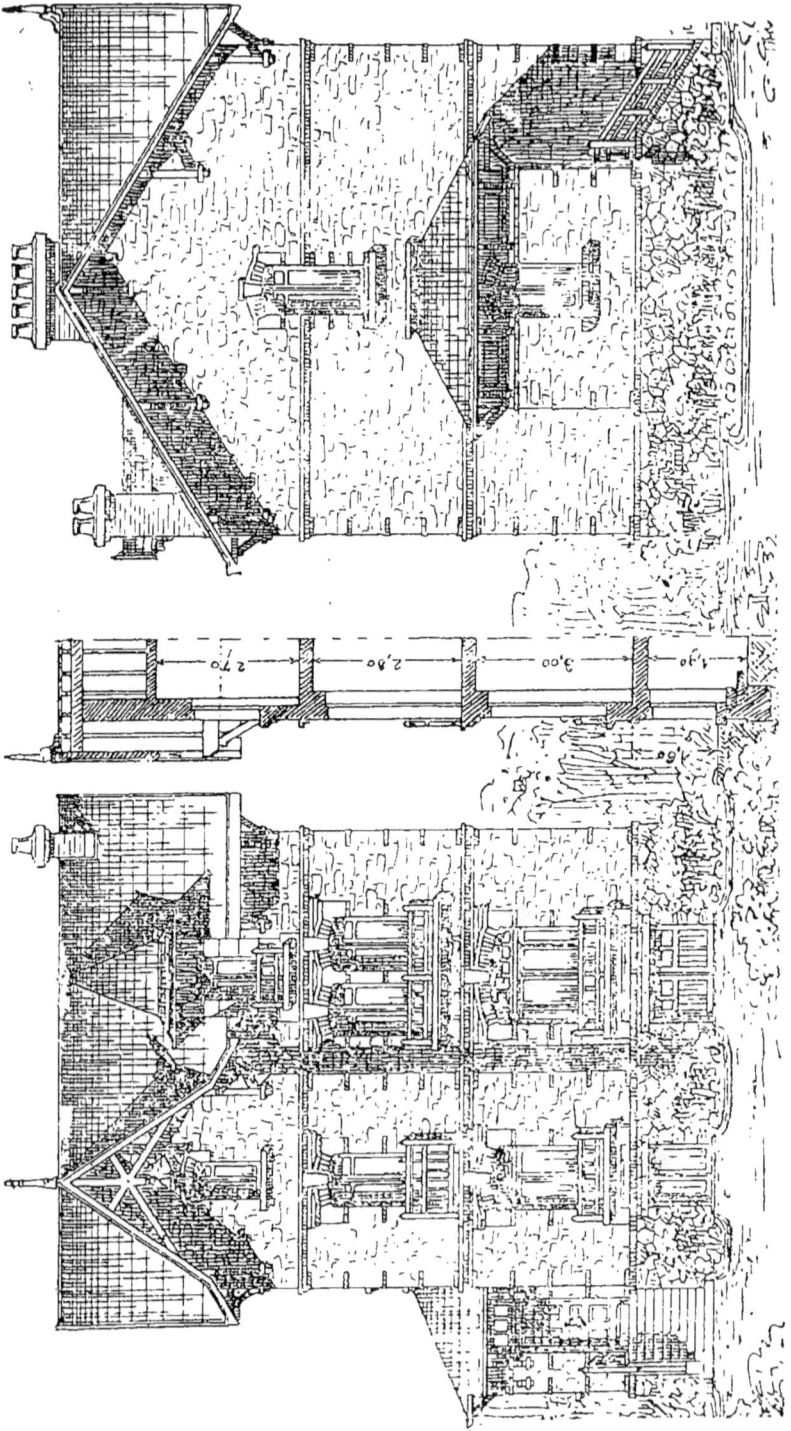

Fig. 108 et 109.

SOUS-SOL

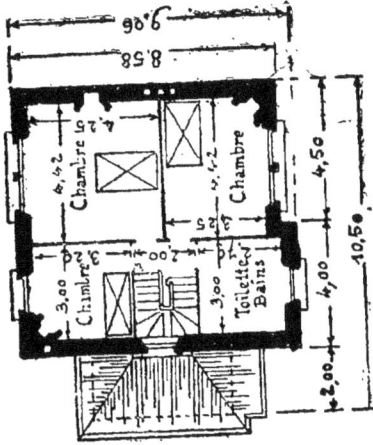

RÉZ-DE-CHAUSSÉE

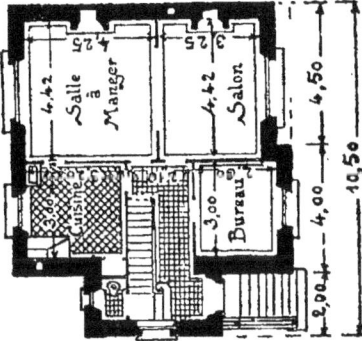

1ᵉʳ ÉTAGE

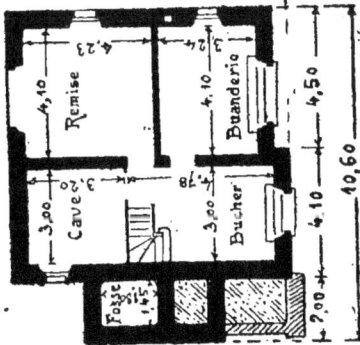

Fig. 110, 111 et 112.

Distribution — Sous-sol ; rez-de-chaussée : bureau, salon, salle à manger ; cuisine, vestibule, water-closet ;
1ᵉʳ étage : 4 chambres ; 2ᵉ étage : 3 chambres, 1 cabinet.
Surface du bâtiment : 73 mètres carrés. Prix du mètre carré : 300 francs.

Villa de 21,900 francs, avec façade jointoyée.

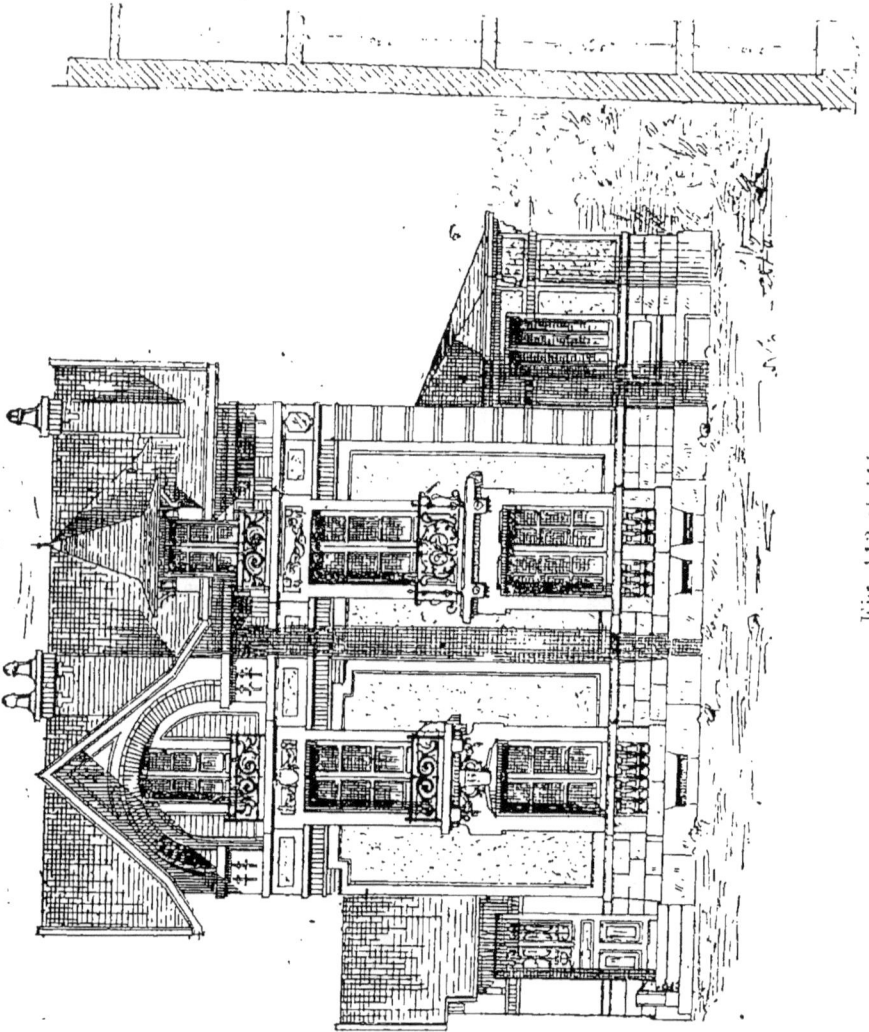

Fig. 113 et 114.

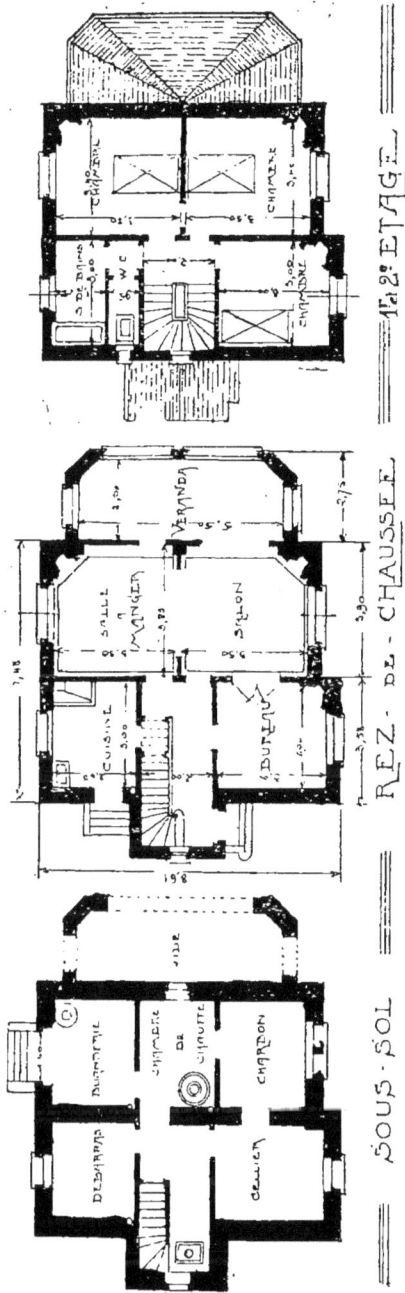

1er, 2e ÉTAGE — REZ-DE-CHAUSSÉE — SOUS-SOL

Fig. 115, 116 et 117.

Distribution. — Sous-sol : rez-de-chaussée, vestibule, bureau, salon, salle à manger, vérandah et cuisine ; 1er étage : 3 chambres, salle de bain et water-closet ; 2e étage : 3 chambres et 1 cabinet.

Appentis : 21 mètres carrés. Prix du mètre carré : 145 francs.

Surface construite : 63 mètres carrés. Prix du mètre carré : 305 francs.

Villa de 22.750 francs, façade enduite et ornée.

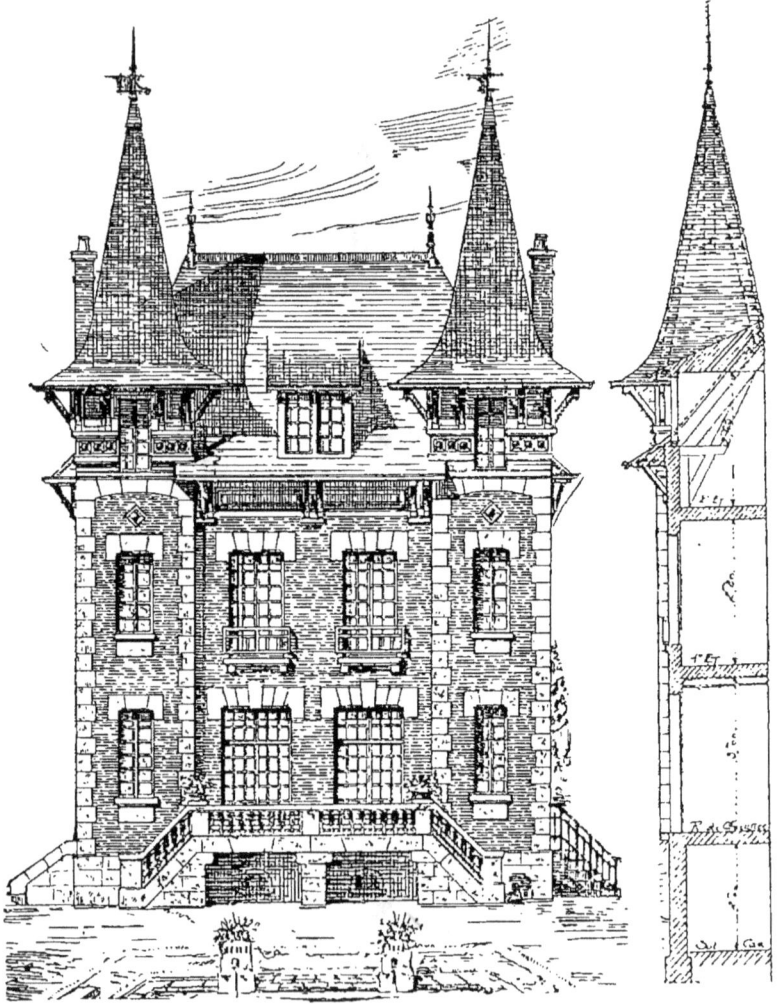

Fig. 118

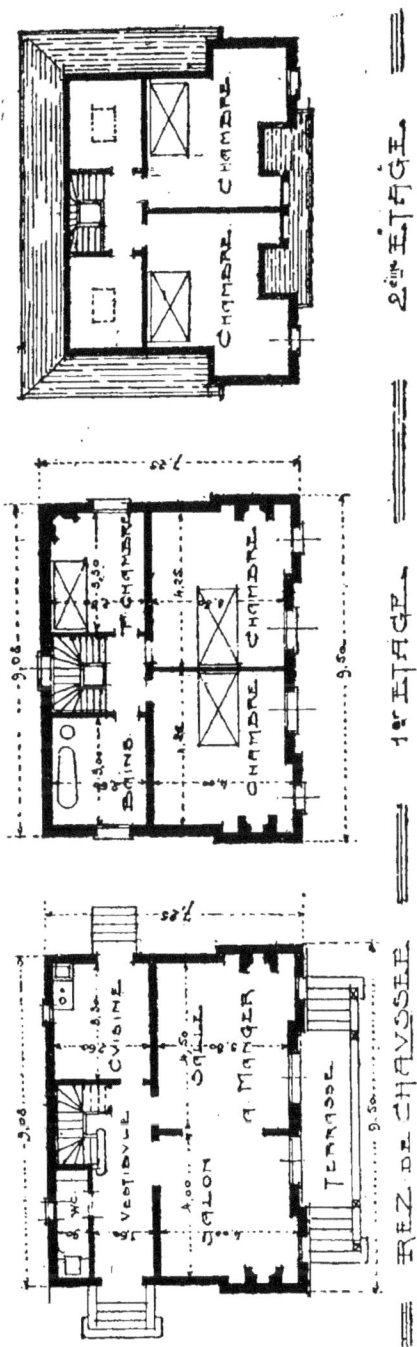

2me ÉTAGE

1er ÉTAGE

Fig. 119, 120 et 121

REZ DE CHAUSSÉE

Distribution. — Sous-sol ; rez-de-chaussée : vestibule, salon, salle à manger, cuisine et water-closet ; 1er étage : 3 chambres et salle de bains ; 2e étage : 2 chambres et 2 cabinets. Surface construite : 71 mètres carrés. Prix du mètre carré : 310 francs. Sur la surface des tourelles il y a 35 francs du mètre carré.

Petit castel genre Louis XIII, avec tourelles et terrasse, ayant coûté 24.600 francs.

Une villa de 25.000 francs. — La maison occupe une soixantaine de mètres carrés (fig. 125).

Cette construction, pour ainsi dire toute en briques, a deux façades à angle droit, présentant chacune un pignon, ainsi qu'on peut s'en rendre compte par la toiture accidentée que représente notre dessin, qui donne la façade se rapportant aux lignes antérieures des petits plans.

L'autre façade, perpendiculaire à la précédente, répond au côté gauche des mêmes plans. Les deux pignons sont placés, chacun, tout d'un côté de la façade, et sont réunis par deux versants en tuile, formant noue sur l'angle de la construction. Cette disposition boîteuse donne aux grandes lignes de la toiture une allure pittoresque très gaie.

La décoration est sobre, comme il convient à une construction dans laquelle la brique est l'élément principal, la monotonie des assises de briques est rompue par la couleur rouge et jaune des briques elles-mêmes, placées par bandes horizontales. Des briques noires, vernissées, placées çà et là, s'ajoutent à la note décorative. Les cheminées sont décorées par les briques rouges et jaunes placées en quinconce.

Les soubassements des deux façades sont construits en meulière. Jusqu'au bandeau du premier étage, la meulière alterne avec des assises de briques rouges.

Enfin, les plates-bandes, les meneaux, les montants et les appuis des fenêtres sont en vergelé. Les bois des pignons sont apparents.

Tous ces contrastes contribuent à l'effet décoratif de cette jolie petite habitation.

Le plan du rez-de-chaussée fait comprendre la distribution intérieure. L'accès dans la maison peut se faire par la porte, représentée sur la façade que donne notre dessin : ce n'est cependant pas là l'entrée principale, qui est sur la gauche, ainsi que le montrent le plan du rez-de-chaussée et l'élévation. Un petit escalier extérieur de cinq marches, protégé par un appentis recouvert en tuile, donne accès au rez-de-chaussée. Ce rez-de-chaussée contient un très petit vestibule conduisant dans une belle salle à manger de 4 m. 45 × 3 m. 35, éclairée par une grande fenêtre à meneau. La cuisine et l'office sont à côté de la salle à manger. Un bureau de 2 m. × 3 m. reçoit le jour par la fenêtre représentée sur la façade.

Le vestibule du rez-de-chaussée donne accès à l'escalier qui conduit au premier étage et au grenier.

Au premier étage, se trouvent deux chambres à coucher. L'une de 3 m. 45 × 4 m. 60 est éclairée par une belle fenêtre à meneau ; un cabinet de toilette y est attenant. L'autre chambre a 2 m. 80 × 3 m. environ. Une petite pièce de 3 m. × 2 m. peut servir de cabinet de travail. Les water-closets ont leur entrée sur le palier.

Les combles présentent un grand grenier de 6 m. 60 × 4 m. 50 et un petit grenier de 2 m. × 3 m.

Le plan des caves indique suffisamment l'espace dont on peut disposer, soit pour le cellier, soit pour les approvisionnements de combustibles. On peut disposer un calorifère.

Maçonnerie. — Les fondations sont en béton ; les murs de cave, la fosse et les murs mitoyens sont en meulière franche hourdée en mortier de chaux hydraulique. Les murs intérieurs des caves sont jointoyés au mortier de chaux hydraulique. La pierre des façades est de la meulière, posée en mosaïque, jointoyée au ciment de Portland et alternant avec des briques rouges, façon Bourgogne. Des briques à tête noire vernissée, posées en ornementation et jointoyées à l'anglaise.

Les plates-bandes des fenêtres, les meneaux, les appuis, les angles des fenêtres, les couronnements de cheminée et les astragales sont en vergelé.

Les bandeaux, les socles, les encadrements de soupiraux, les descentes de caves, les pierres d'évier, le tampon de la fosse sont en roche. Le perron et les marches du petit escalier du rez-de-chaussée sont en agglomérés de ciment.

Les cloisons sont en briques ordinaires, hourdées de plâtre et ravalées sur les deux faces.

Le plancher du rez-de-chaussée est hourdé en briques creuses et ciment avec jointoiement en ciment. Les lambourdes du parquet sont scellées dessus.

Les corps de cheminées sont en poteries Gourlier.

Charpente. — Les planchers et les combles sont en bois de sapin ; les poinçons sont en chêne. Le grand escalier, construit à l'anglaise, est en chêne.

L'escalier desservant le grenier est en sapin ; les crémaillères sont en chêne. Les fermes apparentes des pignons et les consoles sont en chêne.

La rampe du perron, ainsi que la main-courante profilée et les balustres carrés du petit escalier du rez-de-chaussée sont en chêne.

La couverture est en tuile mécanique.

Menuiserie. — Les parquets sont en pitchpin, montés à l'anglaise et placés sur lambourdes en chêne. Les portes extérieures et les fenêtres sont en chêne. Pour les portes d'intérieur, les lambris d'assemblage et les cadres sont en chêne, mais les panneaux de remplissage sont en grisard.

Le siège des water-closets est en chêne ; la main-courante de l'escalier est en acajou. L'armoire de la toilette est en pitchpin et les faux lambris de la salle à manger et des chambres sont en sapin.

Serrurerie. — Les planchers sont en fer. Les portes

sont munies de bonnes serrures à deux pênes avec bouton double en cuivre. Les fenêtres sont défendues à l'extérieur par des persiennes en tôle à six vantaux.

Marbrerie, fumisterie, céramique.— Les cheminées du rez-de-chaussée sont en marbre fin français. Au premier étage, les cheminées sont à modillons. Le carrelage est en carreaux de faïence sur la paillasse et en revêtement.

Il y a un fourneau en tôle avec four, étuve et bain-marie.

Dans les greniers, on a aménagé des portes pour ramoner les cheminées.

Le vestibule et la cuisine sont dallés en grès céramique.

Prix de la construction entièrement terminée.

Terrasse et maçonnerie.................	12.170
Charpente	2.230
Couverture et plomberie..............	1.770
Menuiserie...........................	3.450
Serrurerie	2.230
Fumisterie...........................	550
Peinture et vitrerie	1.840
Carrelage-mosaïque	300
Marbrerie	390
Ornements en carton-pierre	150
Total...............	25.080

Fig. 125.
Villa de 25.000 francs (Voir page 92).

Plans de la villa de 25.000 *francs ci-contre* (Voir la description pages 92 à 95). — La salle de bains qui n'est pas prévue dans le devis peut être installée dans la pièce servant de cabinet de toilette.

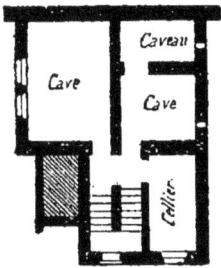

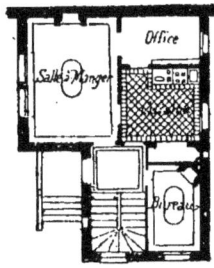

Caves.   Rez-de-Chaussée   1ᵉʳ Étage

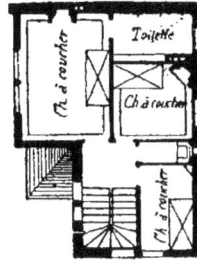

F⸳ ⸳. 122, 123 et 124.

Pavillons divisés en appartements indépendants. — Nos gravures 133 à 136 montrent une construction formée de deux pavillons séparés par un mur mitoyen; ce genre d'habitation est très répandu dans la banlieue de Paris ; il permet de placer une construction de bel aspect au centre d'un grand terrain qui se trouve divisé en deux jardins pour deux locataires absolument indépendants. Le prix de revient de ces deux pavillons jumeaux est moindre que celui de deux pavillons séparés. Nos gravures 137 à 140 montrent une maison avec deux appartements *indépendants*, l'un au rez-de-chaussée, l'autre au premier étage.

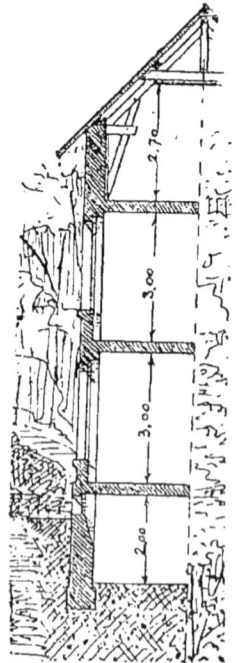

Fig. 126, 127 et 128.

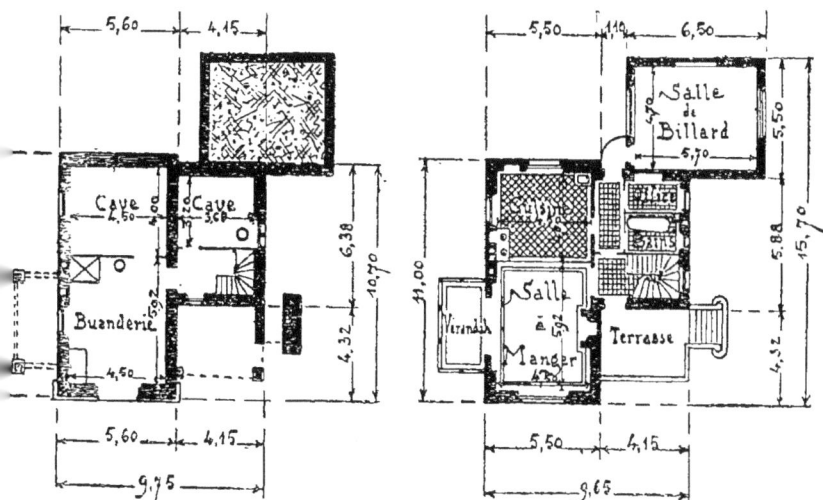

Sous-Sol   Rez-de-Chaussée

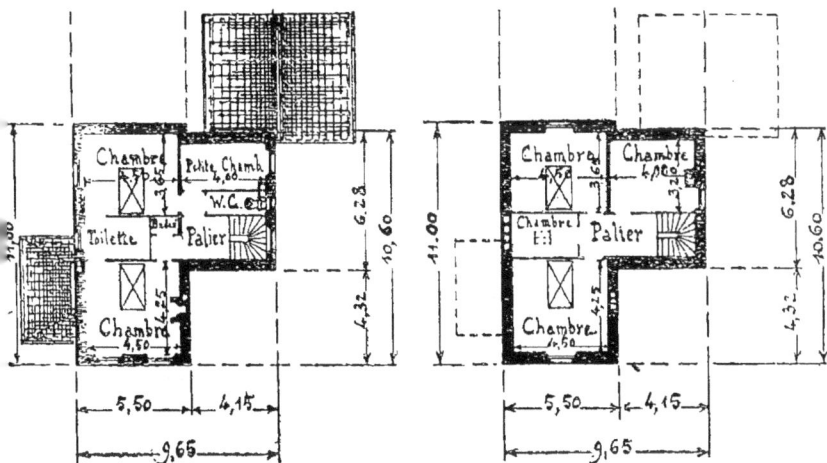

1er Étage   2ème Étage

Fig. 129 à 132.

stribution. — Buanderie et cave ; rez-de-chaussée : terrasse, vestibule,
salle à manger, vérandah, cuisine, office, salles de bains et de billard ;
1er étage : 2 chambres, 2 toilettes et water-closet ; 2e étage : 3 chambres et
1 toilette. — Surface appentis : 37 mètres carrés. Prix du mètre carré :
115 francs. — Surface bâtiment : 85 mètres carrés. Prix du mètre,
280 francs. — Maison et dépendances, billard, vérandah, terrasse, ayant
coûté 31.000 francs.

REZ-DE-CHAUSSÉE

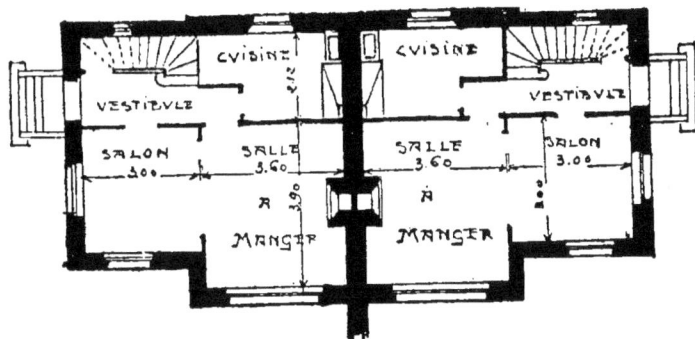

SOVS-SOL

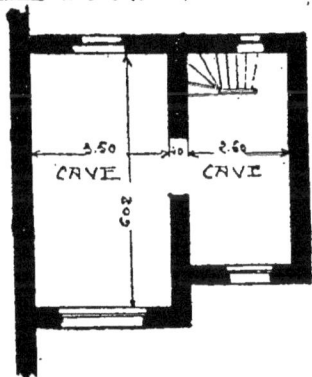

ÉTAGE

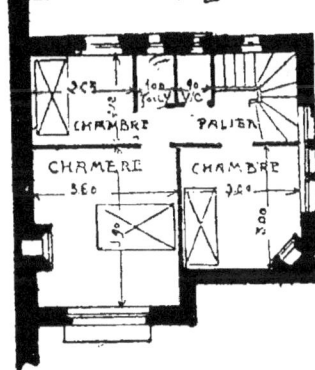

Fig. 134, 135 et 136.

Distribution de chaque pavillon. — Cave ordinaire ; rez-de-chaussée : salon, salle à manger, cuisine et vestibule ; 1er étage : 3 chambres, toilette, water-closet ; 2e étage : 3 chambres. — Surface construite prise sur le sol : 105 mètres carrés. — Prix du mètre carré : 295 francs.

Pavillons jumeaux : ensemble, 31.000 francs.

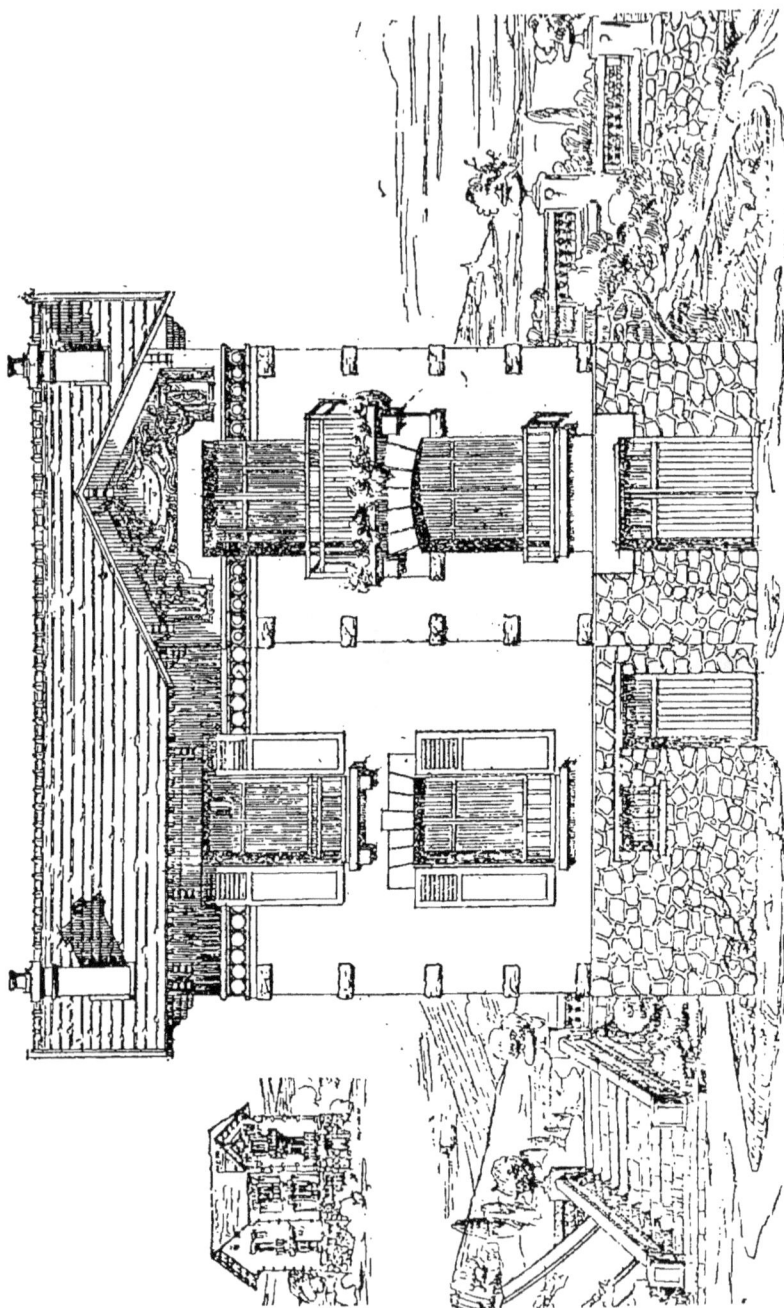

Fig. 103

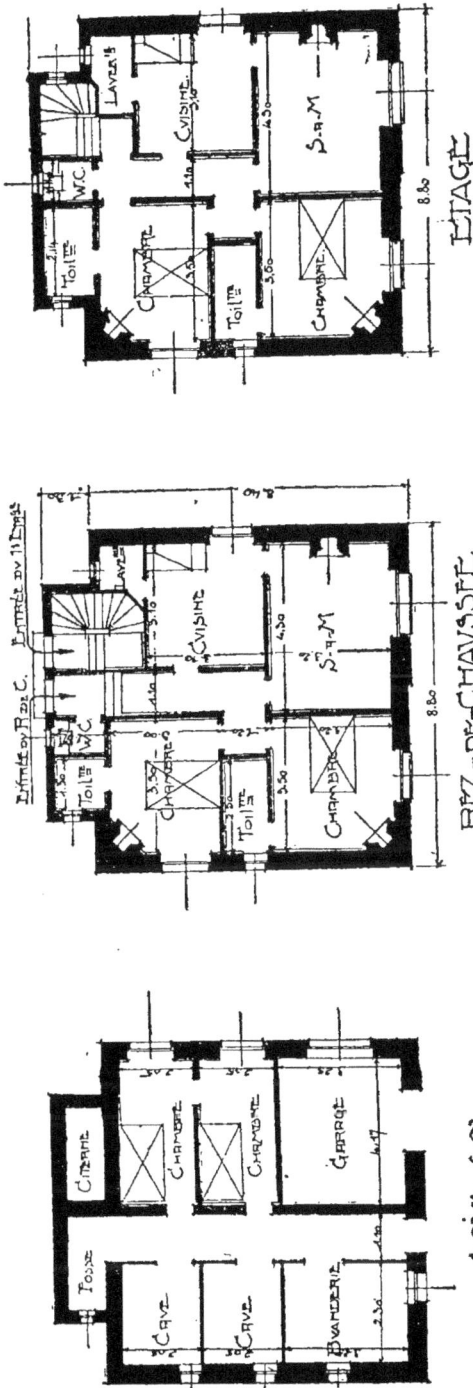

Fig. 138, 139 et 140.

Maison avec 2 appartements indépendants, ayant chacun leur entrée.

Distribution. — Sous-sol : garage, buanderie, 2 chambres de bonne et cave ; rez-de-chaussée : appartement comprenant vestibule, water-close, cuisine, salle à manger, 2 chambres à coucher, 2 cabinets de toilette ; 1er étage : appartement semblable. — Surface construite prise sur le sol ; 85 mètres carrés. — Prix du mètre carré : 230 francs.

Prix total : 20.500 francs.

Fig. 141.

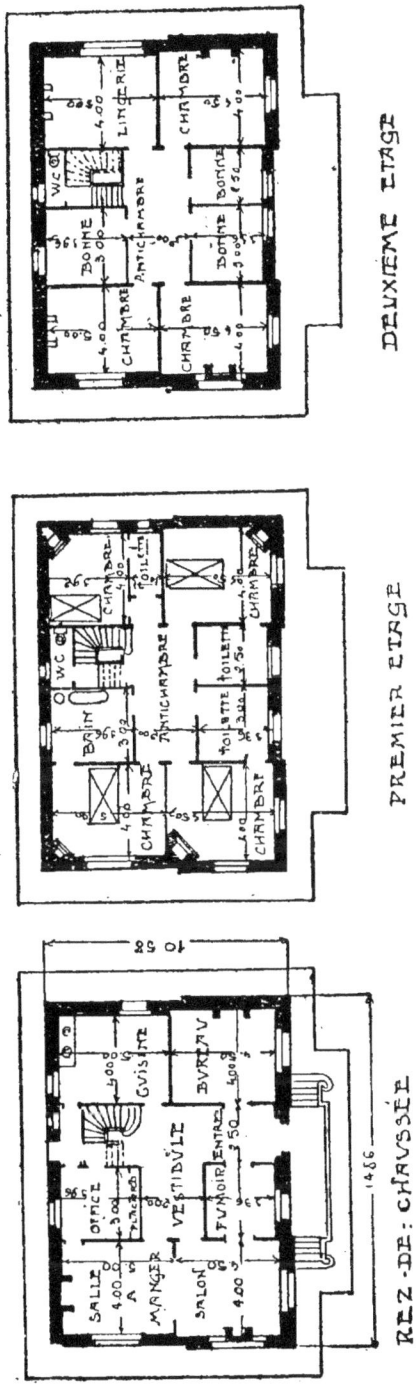

DEUXIÈME ÉTAGE

PREMIER ÉTAGE

Fig. 142.

REZ-DE-CHAUSSÉE

Distribution. — Cave : rez-de-chaussée : vestibule, fumoir, bureau, salon, salle à manger, office, cuisine. — 1er étage : antichambre, 4 chambres, 2 toilettes, salle de bain et water-closet ; 2e étage : antichambre, 3 chambres, lingerie, 2 chambres de bonne. — Surface : 150 mètres carrés. Prix du mètre carré 310 francs. — Pour les tourelles, plus-value de 35 francs du mètre carré.

Castel de 44.000 francs.

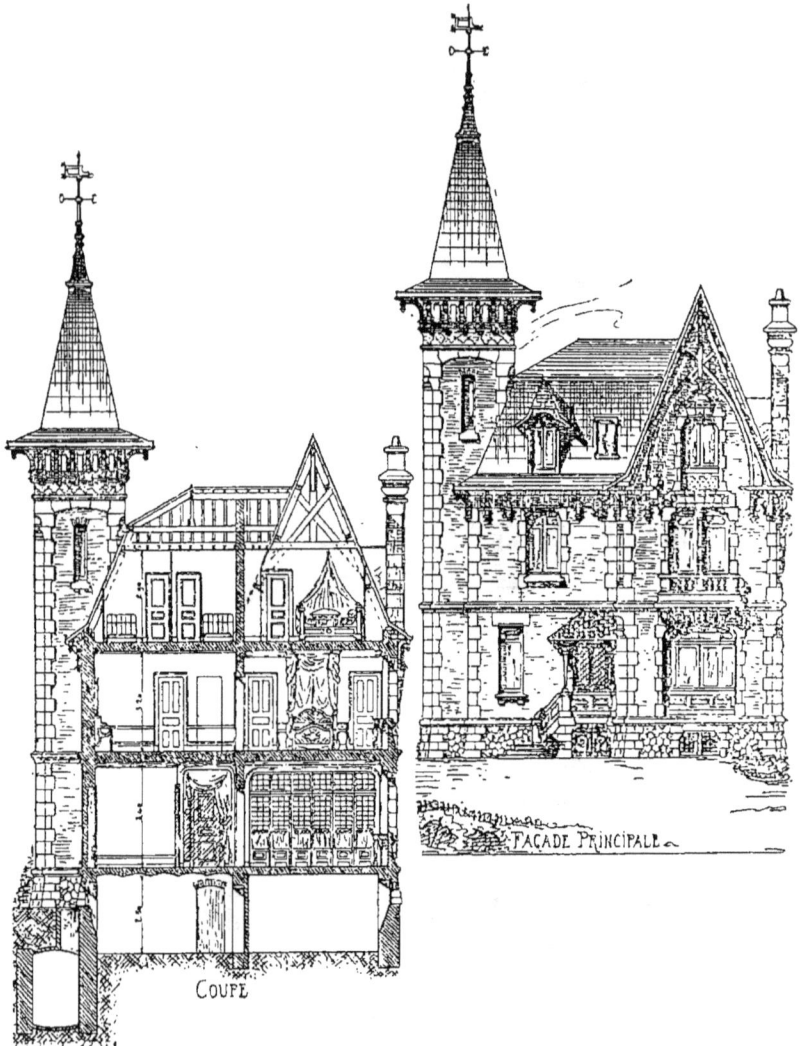

COUPE

FACADE PRINCIPALE

Fig. 143 et 144.

Voir pages 108 et 109 les autres vues et plans de ce château.

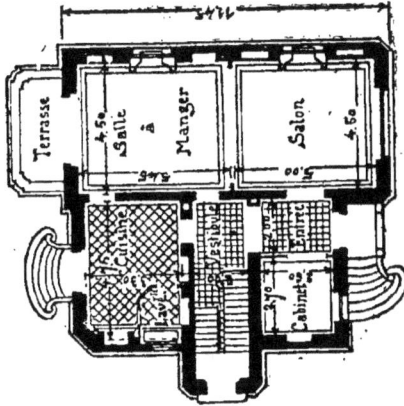

Rez-de-Chaussée

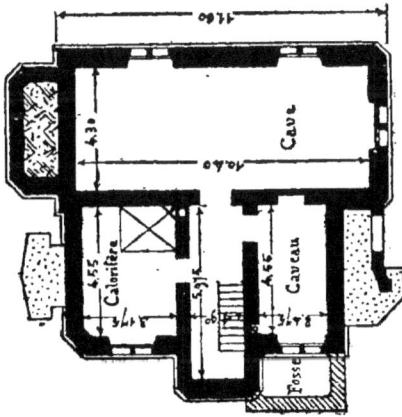

Sous-Sol

Fig. 145 et 146.

Distribution. — Sous-sol ; rez-de-chaussée : vestibule, bureau, salon, salle à manger, terrasse, cuisine et office. — Surface construite prise sur le sol : 120 mètres carrés. — Prix du mètre carré : 350 à 400 francs.

Petit château de 42 à 48.000 francs.

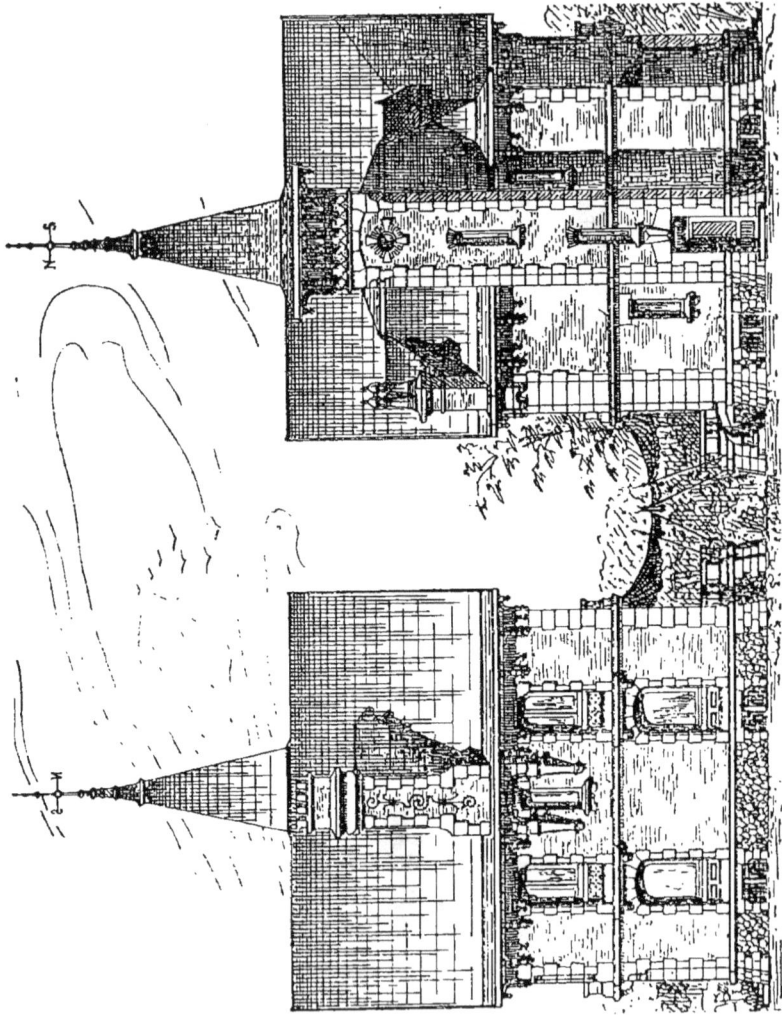

Fig. 147 et 148.

Voir pages 106 et 107 les autres vues et plans de ce château.

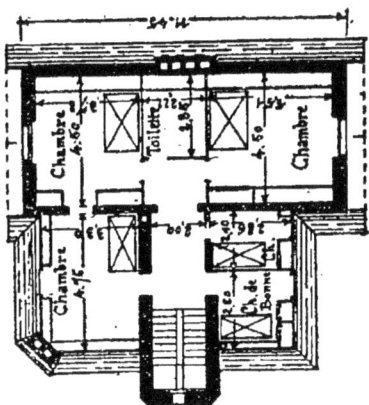

COMBLES

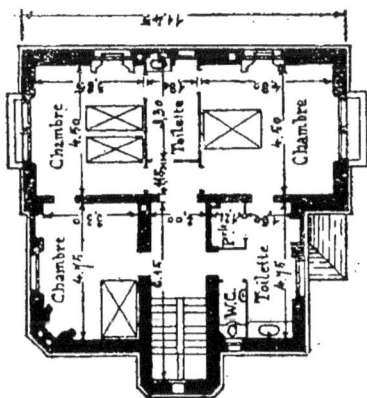

PREMIER ÉTAGE

Fig. 149 et 150.

Distribution. — 1er étage : 3 chambres à coucher, 2 cabinets de toilette et water-closet ; 2e étage : 3 chambres à coucher, toilette, 2 chambres de bonne. — La surface de la tourelle, revient à 450 francs le mètre carré.

Petit château de 42 à 48.000 francs.

Châlets. — L'habitation (fig. 151 à 153), se compose d'un sous-sol ou soubassement, d'un rez-de-chaussée et de deux étages.

L'étage en soubassement et les pignons sont en briques, dont le rejointoiement a été fait avec le plus grand soin. Tout le reste de la construction est en pans de bois avec remplissages en briques diversement teintées.

Toutes les parties de bois sont apparentes et passées au galipot.

La couverture est en ardoises, par conséquent a une pente très accentuée qui, nécessitée par le climat, convient fort bien à ce genre de construction.

La façade figure un pignon avec aile en retour, faisant retraite d'environ deux mètres sur le nu du pignon. Du sous-sol s'élèvent des poteaux en bois, avec chanfreins sur les arêtes. Ces poteaux supportent un plancher formant terrasse, de niveau avec le rez-de-chaussée ; on accède sur cette terrasse par le salon et la salle à manger. Elle est en outre fermée sur les trois autres faces par une galerie à hauteur d'appui en bois découpé et verni au galipot.

Derrière le salon et la salle à manger passe, au rez-de-chaussée, un couloir occupé par une partie du vestibule, qui dessert un cabinet, les water-closets, un vestiaire, une cuisine-office, et l'escalier qui conduit aux étages supérieurs.

Au 1er et au 2e étage sont les chambres à coucher avec cabinets de toilette. Les pièces de la façade prenant jour sur l'aile en retour donnent sur un balcon supporté par des poteaux en bois et garni d'une galerie en bois découpé. Ce balcon, d'une largeur moindre que la retraite, se trouve abrité par la toiture, dont le chevronnage forme queue de vache. Ce dernier est agrémenté par des consoles en bois découpé servant de support.

Dans le sous-sol, c'est-à-dire dans l'étage formant soubassement, il y a : cuisine, laverie, calorifère, salle de bain, water-closets, caves à vin et à charbon et bois, et un passage qui conduit à la cour, en contre-bas du terrain de la façade.

A droite de la façade est l'entrée particulière, et à gauche l'entrée des voitures, qui est également l'entrée de service des fournisseurs.

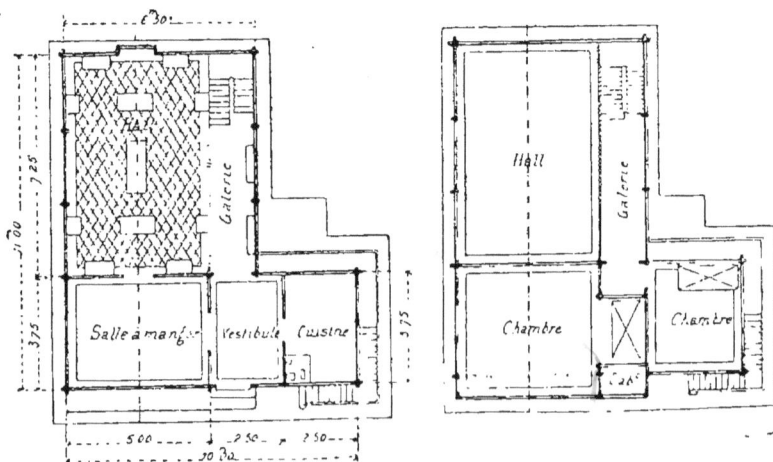

Fig. 151, 152 et 153,

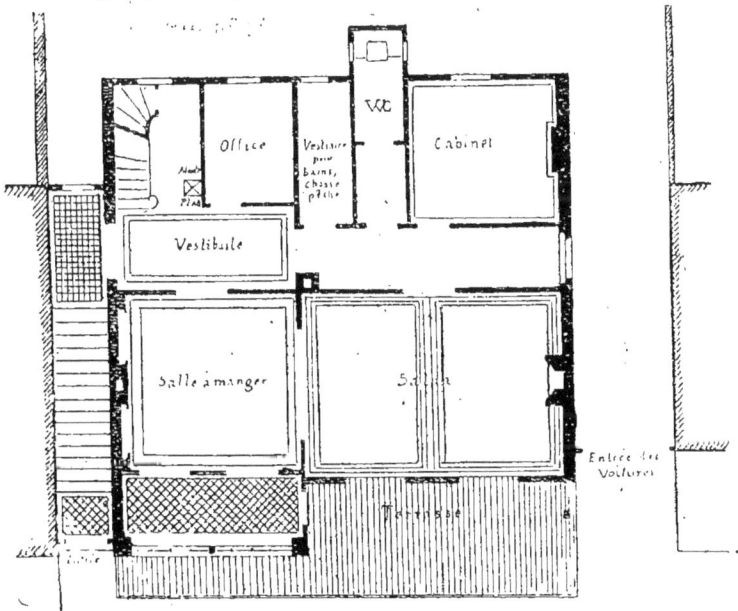

Fig. 154 et 155. — Châlet en briques avec balcons en bois.

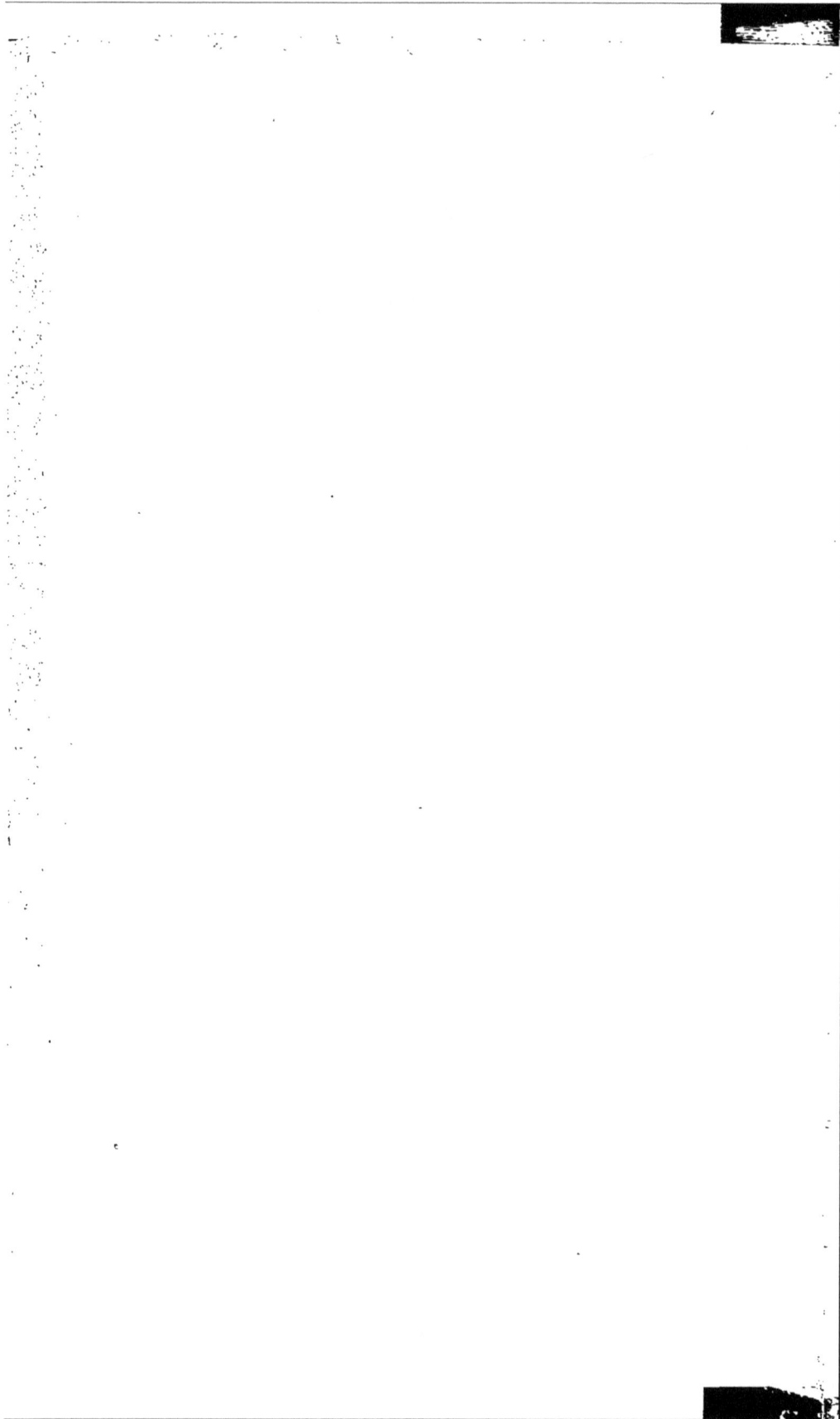

CHAPITRE V

VILLAS ET CHATEAUX STYLE ANGLAIS

Nous devons à l'obligeance de M. Gilbert Shuffren, constructeur au Touquet (Pas-de-Calais), les plans ci-après de maisons, genre anglais, dites *Bungalow*. Ces plans ont été dressés par MM. Collcutt et Hamp, architectes à Londres ; ils sont remarquables par leur originalité, en même temps que par le grand souci de confortable pour leurs habitants.

Ces maisons sont bâties en murs doubles, séparés par une couche d'air de 5 à 6 centimètres, ce qui rend l'habitation fraîche en été, chaude en hiver et parfaitement sèche malgré le voisinage de la mer et le climat humide de la Picardie. Chaque maison a une salle de bains et son calorifère ; on y voit aussi le garage d'autos.

Les salles à manger s'ouvrent en grand pour l'été.

Les murs sont en briques rouges avec parties en stuc ; les toits pointus sont en tuiles et l'ensemble a l'aspect curieux des vieilles fermes anglaises.

Les mesures indiquées sur les plans sont en pieds et pouces anglais.

Le pied vaut 0 m. 305 millimètres.

Le pouce vaut 0 m. 025 millimètres.

En outre nous signalons quelques spécimens de châteaux et cottages anglais et américains construits selon le style *Queen Anne* (*style de la Reine Anne*). Ce style très aimé des propriétaires ruraux d'Outre-Manche est fort original et se prête à toutes sortes de combinaisons pleines de fantaisie et d'imprévu.

Dans la maison *Type Anglais*, figures 156 à 158, les salles du rez-de-chaussée sont pourvues de fenêtres à la française donnant sur une belle terrasse qui domine le jardin.

Il a été ménagé une salle à manger ouverte ou d'été destinée à servir pendant les chaleurs de l'été.

Une vérandah carrelée s'étend tout le long de l'élévation faisant face au jardin, et est conçue de façon à donner une ombre agréable pendant la saison chaude.

Le traitement est fort simple, en briques rouges recouvertes de stuc au-dessus ; la toiture est en tuiles, ce qui donne l'effet original d'une vieille ferme anglaise.

Distribution et dimensions des locaux :

Salle à manger	22 ft. sur 12 ft.
Avec fenêtre en saillie supplémentaire de . . .	11 ft. — 6 ft.
Salon	16 ft. — 12 ft.
Bibliothèque	12 ft. — 12 ft.
Chambre à coucher ou boudoir.	12 ft. — 12 ft.
Entrée, Vestibule, Lavabo. W.-C., et dépendances habituelles de la cuisine.	
Garage à automobiles	18 ft. sur 11 ft.
Salle à manger ouverte ou d'été	19 ft. — 13 ft.
Avec fenêtre en saillie supplémentaire	11 ft. 6in 6 ft.
Vérandah carrelée donnant sur la terrasse et le jardin	65 ft. de long.
Portique carrelé	21 ft. de long.

La salle à manger et le salon communiquent entre

eux par des portes pliantes qui permettent d'en faire un seul grand salon au besoin.

Chambre à coucher N° 1.......	14 ft. 6 in.	sur 15 ft. 6 in.
— — N° 2........	23 ft.	— 12 ft.
Avec fenêtre en saillie..........	11 ft. 6 in.	— 5 ft 6 in.
Chambre à coucher N° 3........	18 ft.	— 14 ft. 6 in.
— — N° 4.......	14 ft.	— 12 ft.
— — N° 5	12 ft. 6 in.	— 12 ft.

L'étage comprend aussi la salle de bains et un w.-c.

Quatre des cinq chambres à coucher du premier étage sont pourvues de placards garde-robes.

Le boudoir du rez-de-chaussée peut facilement servir de chambre à coucher supplémentaire au besoin.

Des chambres à coucher supplémentaires pourraient facilement s'ajouter au-dessus du garage et au-dessus de la salle à manger d'été.

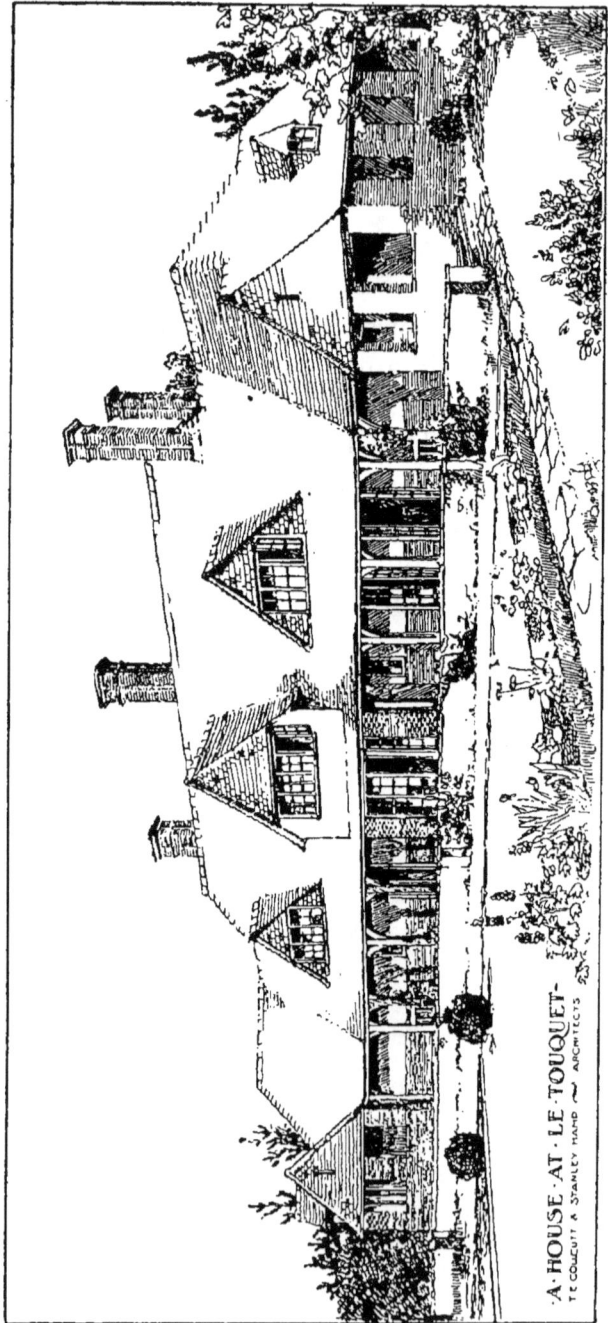

Fig. 156. — Bungalow au Touquet.

GROUND FLOOR PLAN

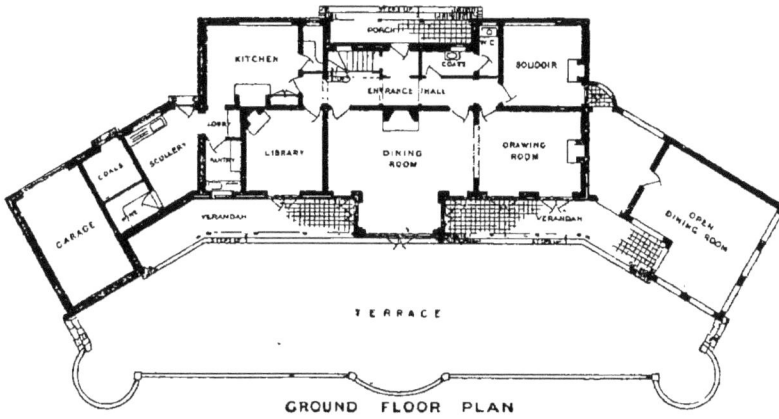

Fig. 157. — Plan du rez-de chaussée.

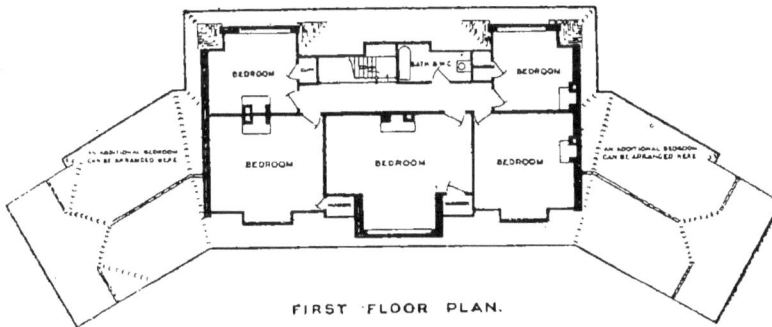

FIRST FLOOR PLAN.

Fig. 158. — Plan du 1er étage.

Fig. 159. — Vue perspective.

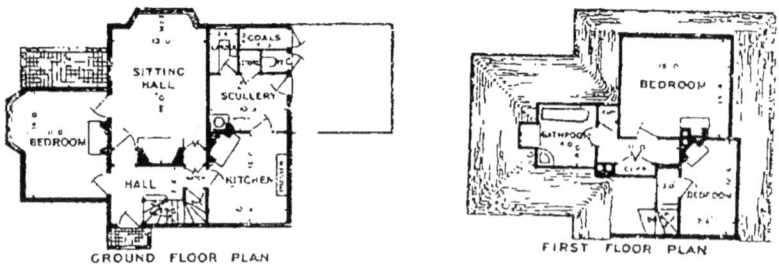

Fig. 160 et 161. — Plan du rez-de-chaussée et du 1er étage.

Fig. 162.
Bungalow au Touquet.

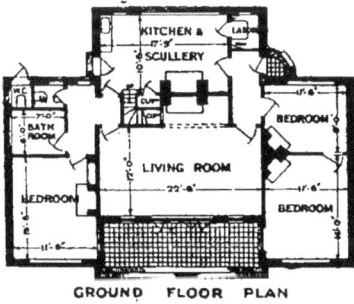

GROUND FLOOR PLAN

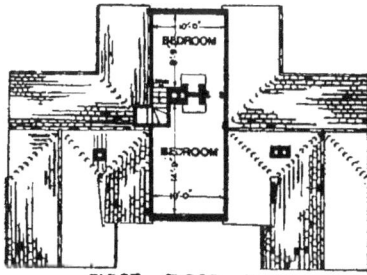

FIRST FLOOR PLAN

Fig. 163 et 164.

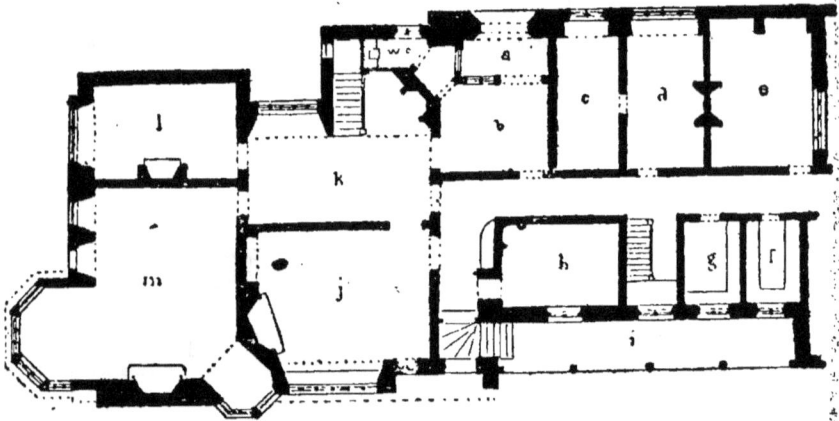

Fig. 165 et 166.

Château style Queen Anne.

a	Vestibule d'entrée.	n	Armes.
b	Vestiaire.	o	Dégagement.
c	Hall.	p	Cour.
d	Salon.	q	Salle des domestiques.
e	Boudoir.	r	Cuisine.
f	Pièce de repos.	s	Laverie.
g	Chambre de bains.	t	Laiterie.
h	Billard.	u	Pièce d'attente.
i	Dégagement.	v	Gardien de la maison.
j	Galerie vitrée.	x	Buanderie.
k	Salle à manger.	y	Buanderie.
l	Garde-manger.	z	Cour de la cuisine.
m	Chambre à coucher.		

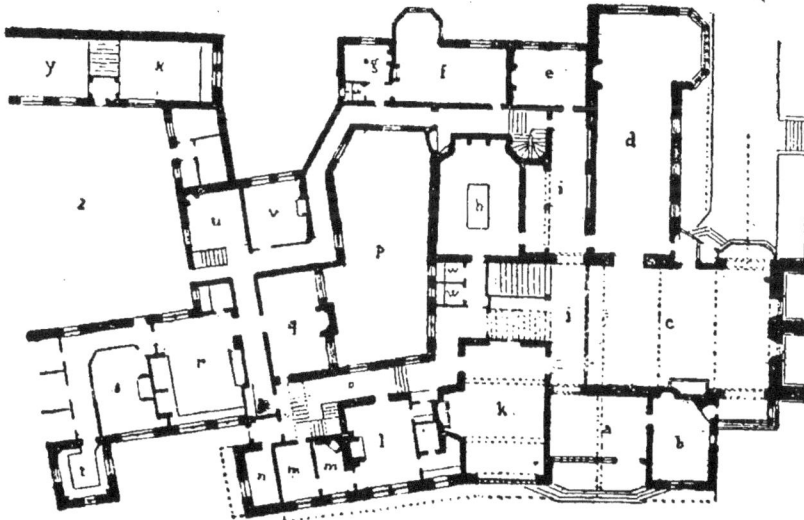

Fig. 167 et 168.
Château style Queen Anne.

a Porche.
b Gardien de la maison.
c Salle des gens.
d Cour.
e Porte de derrière.
f Office.
g Laverie.

h Cuisine.
i Chambre à coucher.
j Garde-manger.
k Salon.
l Salle à manger.
m Hall.

Fig. 169 et 170.

Château style Queen Anne.

a Porche.	*h* Chambre.
b Entrée.	*i* Vérandah.
c Chambre à coucher.	*j* Salle à manger.
d Garde-manger.	*k* Hall.
e Salle des gens.	*l* Cabinet de travail.
f Office.	*m* Salon.
g Ofice.	

CHAPITRE VI

PLANS D'HOTELS PARTICULIERS

L'hôtel particulier se construit soit isolé au milieu d'un terrain formant jardin ou parc, soit entre deux murs mitoyens. Ce dernier cas est le plus fréquent dans les grandes villes comme Paris, où le terrain est très cher.

Un hôtel particulier construit au milieu d'un terrain formant jardin ne diffère guère des villas ou maisons de campagne dont nous avons donné ci-dessus des plans ; c'est pourquoi nous ne montrons ci-après que quelques spécimens de petits hôtels entre murs mitoyens.

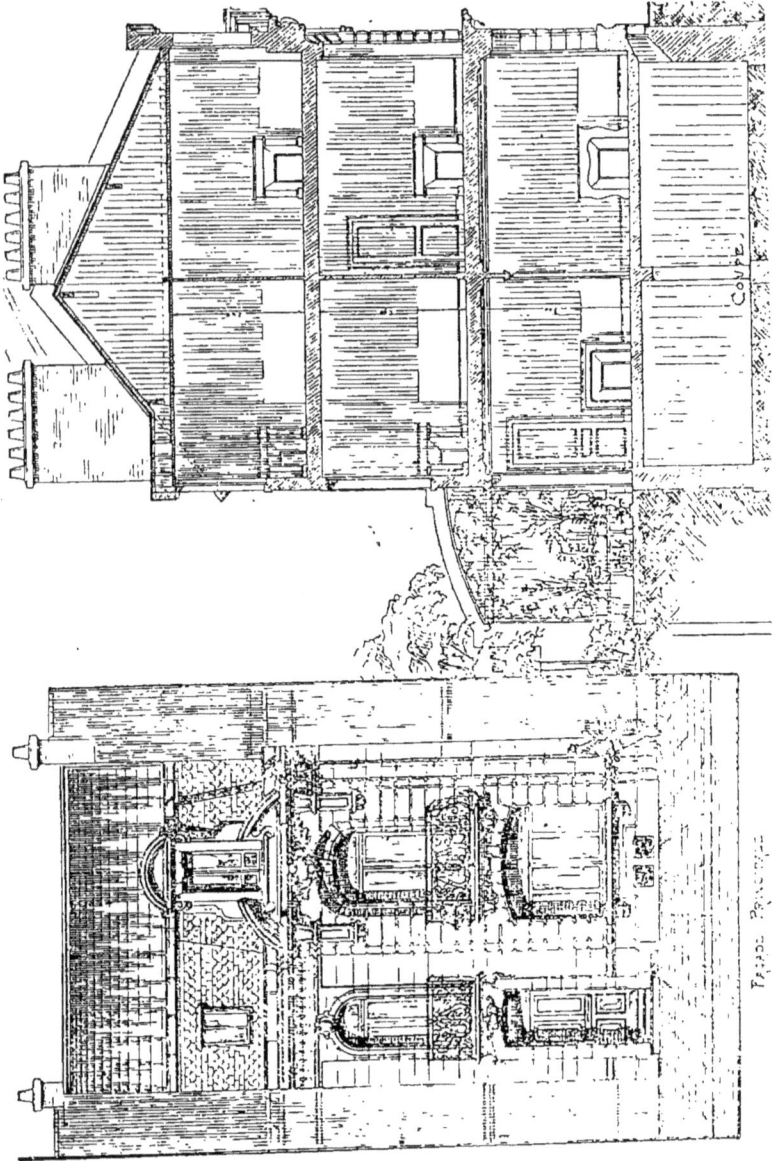

Fig. 171 et 172.

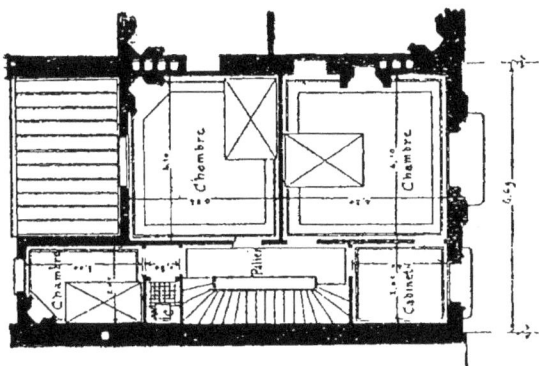

PLAN DU PREMIER ÉTAGE.

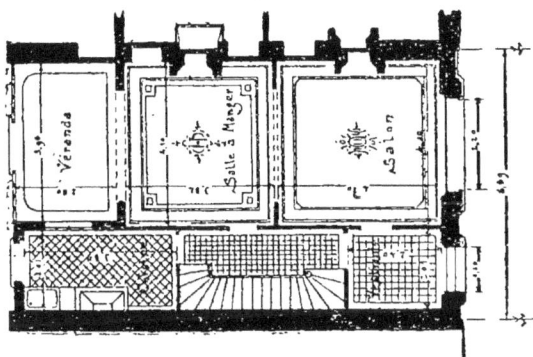

PLAN DU REZ-DE-CHAUSSÉE.

Fig. 173, 174 et 175.

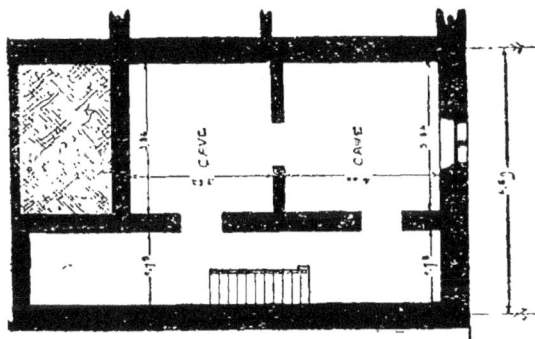

PLAN DU SOUS-SOL.

Distribution. — Cave ; rez-de-chaussée comprenant : salon, salle à manger, vérandah, cuisine et vestibule. 1er étage : 3 chambres, toilette et water-closet ; 2e étage : 3 chambres. — Prix du mètre carré : 350 francs. Surface construite prise sur le sol : 70 mètres carrés. —

Petit hôtel : 24.500 francs.

Fig. 176.

Hôtel particulier avec atelier d'artiste.

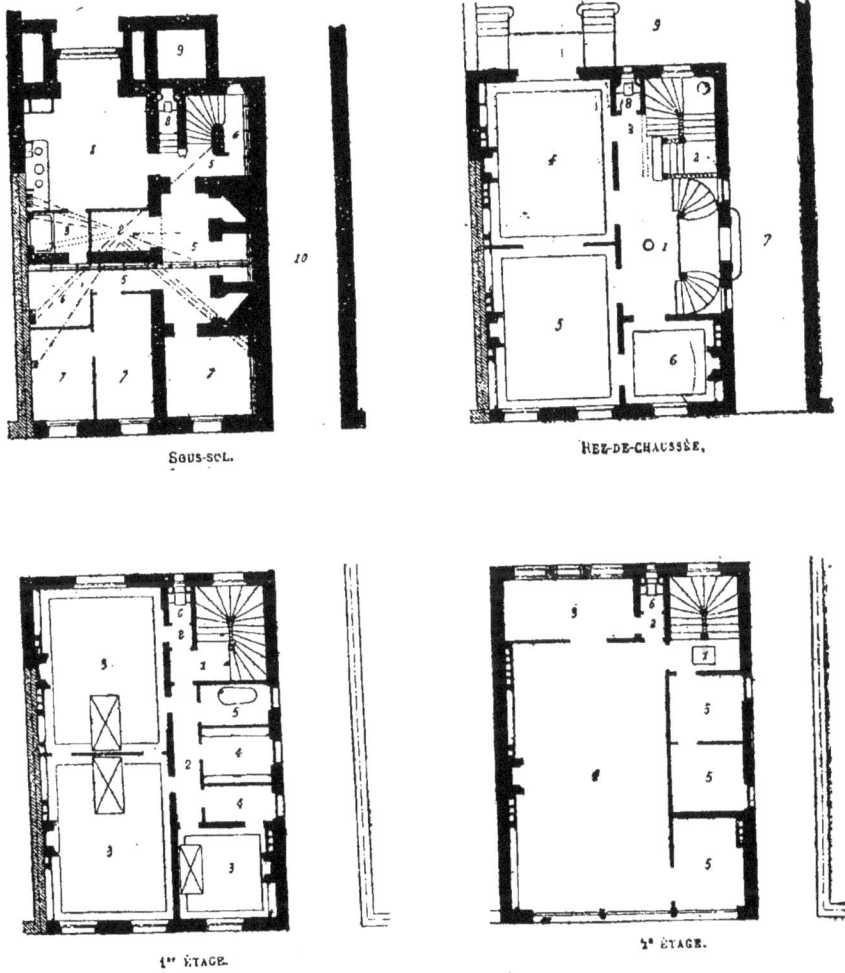

SOUS-SOL.   REZ-DE-CHAUSSÉE.

1ᵉʳ ÉTAGE.   2ᵉ ÉTAGE.

Fig. 177 à 180.

Hôtel particulier avec atelier d'artiste. — Les figures 176 à 180 montrent un spécimen d'hôtel particulier avec atelier d'artiste. Ce type de construction entre deux murs mitoyens est fréquent dans le quartier Monceau, à Paris.

Légende des fig. 177 à 180.

Sous-sol.

1. Cuisine.
2. Calorifère.
3. Office.
4. Escalier.

7. Caves à vin.
8. Water-closets.
9. Fosse d'aisances.
10. Terre-plein sous la porte cochère.

Rez-de chaussée.

1. Vestiaire.
2. Escalier intérieur.
3. Couloir.
4. Salle à manger.
5. Grand salon.

6. Petit salon.
7. Passage de porte cochère.
8. Water-closets.
9. Jardin.

Premier étage.

1. Escalier intérieur.
2. Couloir.
3. 3. 3. Chambres à coucher.

4. Cabinet de toilette et lingerie.
5. Salle de bains.
6. Water-closets.

Second étage.

1. Palier.
2. Couloir
3. Petit salon.

4. Atelier d'artiste.
5, 5, 5. Cabinets.
6. Water-closets.

CHAPITRE VII

PLANS DE MAISONS DE RAPPORT

Nous avons donné déjà des plans d'appartements modernes (voir chapitre II) ; les maisons de rapport construites dans Paris comportent généralement, au rez-de-chaussée, des boutiques et, aux étages, une série d'appartements semblables comme distribution. Quelquefois le rez-de-chaussée est distribué en appartements ou en bureaux, ce qui donne à l'immeuble l'apparence d'un hôtel particulier.

Ce mode de construction est surtout usité dans les quartiers riches où les boutiques n'ont pas de raison d'être.

Nous nous sommes bornés à reproduire ci-après les plans, d'après M. Jardin, de quelques maisons de rapport, construites avec économie, quoique présentant un bon confortable.

MAISON DE RAPPORT DE M⁰ L⁰ᵉ à LEVALLOIS-PERRET

ÉTAGE   REZ-DE-CHAUSSÉE

Fig. 181, 182 et 183.

Maison de rapport avec petits appartements. — *Distribution* — Cave ; rez-de-chaussée : vestibule, 2 magasins, concierge, water-closets, 2 arrières-boutique.

10 logements composés de cuisine, salle à manger, 2 chambres, vestibule, water-closets et courette.

Surface : 128 mètres carrés. — Prix du mètre carré : 650 francs

Plans de maisons de rapport. — La maison de rapport ci-contre, figures 181 à 183, ne comporte que des *logements*, c'est-à-dire de petits appartements d'un loyer généralement inférieur ou peu supérieur à 500 francs par an. C'est le type de la *maison économique* pour ménages d'ouvriers ou de petits employés.

On peut regretter que le propriétaire n'ait pas prévu, dans chaque logement, un cabinet de toilette avec salle de bains. Malheureusement, nous ne concevons pas en France, la nécessité de la baignoire, comme on l'exige en Angleterre et ailleurs même dans les logements de petit loyer.

Si le faible prix du loyer interdit de donner à chaque locataire le luxe d'une salle de toilette et de bains, même installée très modestement, nous voudrions voir dans chacun de ces nouveaux immeubles à logements bon marché une salle de bains commune à tous les locataires, et qui pourrait être mise à la disposition de chacun d'eux moyennant une très petite redevance. Ainsi le propriétaire et le concierge, qui entretiendrait cette salle de bains, pourraient y trouver leur compte, en même temps que l'hygiène générale de tous les occupants y gagnerait.

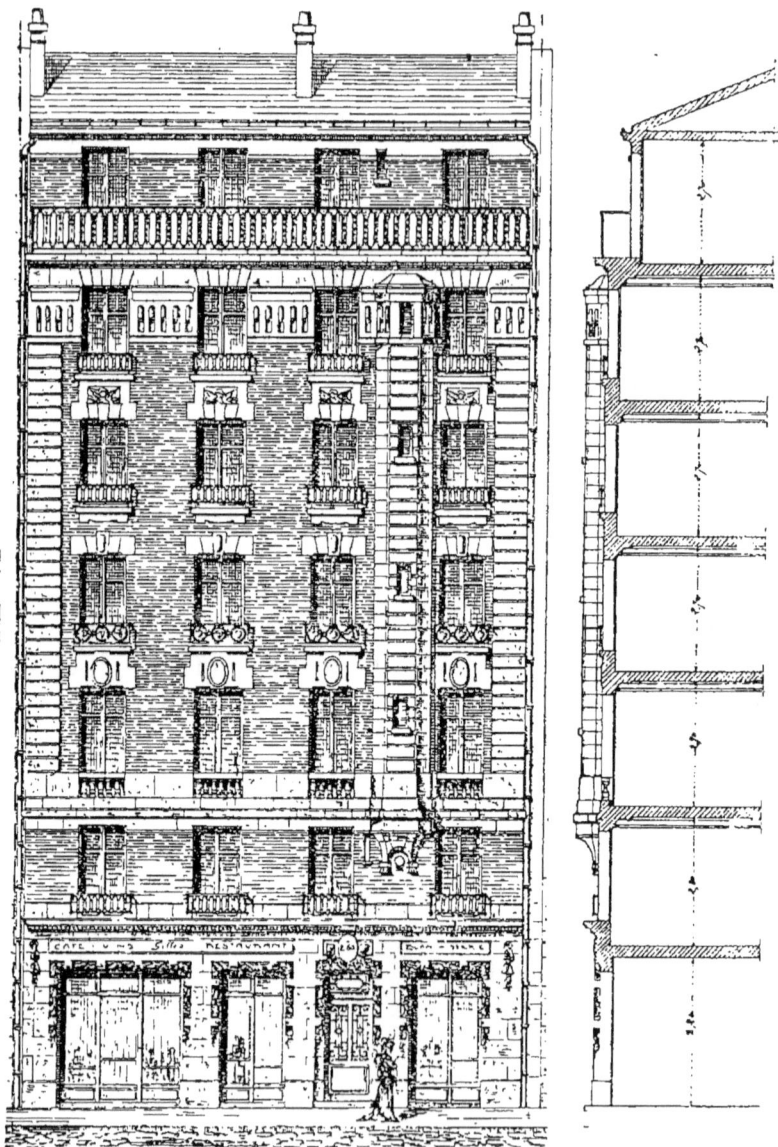

Fig. 184. — Maison de rapport avec logements ouvriers.

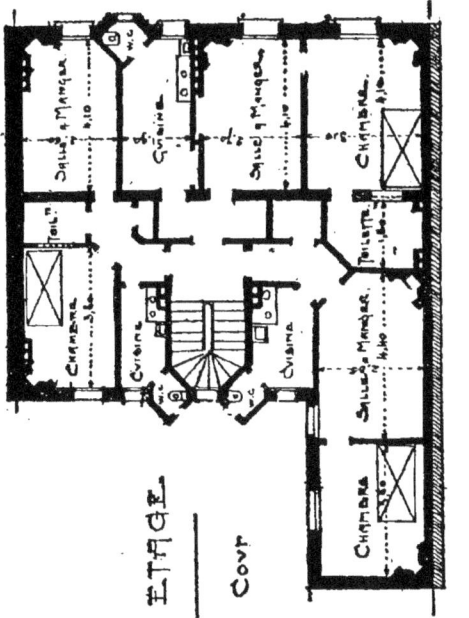

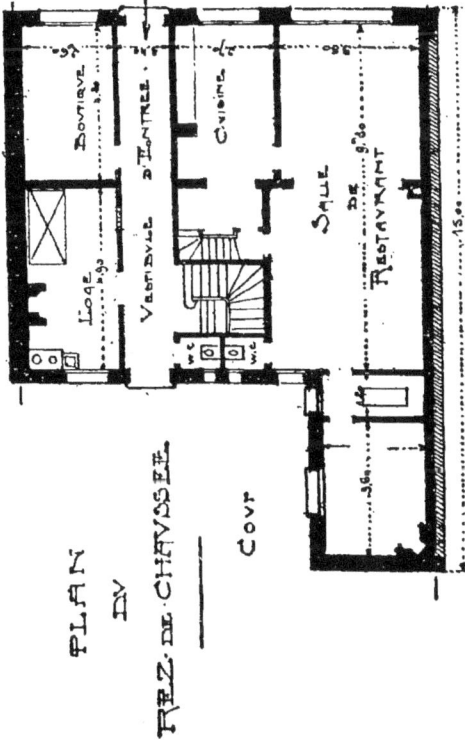

Fig. 185 et 186.

Maison de 5 étages, de 112.000 francs. — Revenu : 18 logements 450 francs = 8.100 francs ; location des magasins : 2.000 francs. — Revenu total : 10.100 francs.

Cette maison comprend : au rez-de-chaussée : des magasins et la loge du concierge ; aux étages : 18 logements comprenant entrée, cuisine, water-closet, salle à manger, chambre et toilette.

Surface construite prise sur le sol : 140 mètres carrés. — Prix du mètre carré : 800 francs.

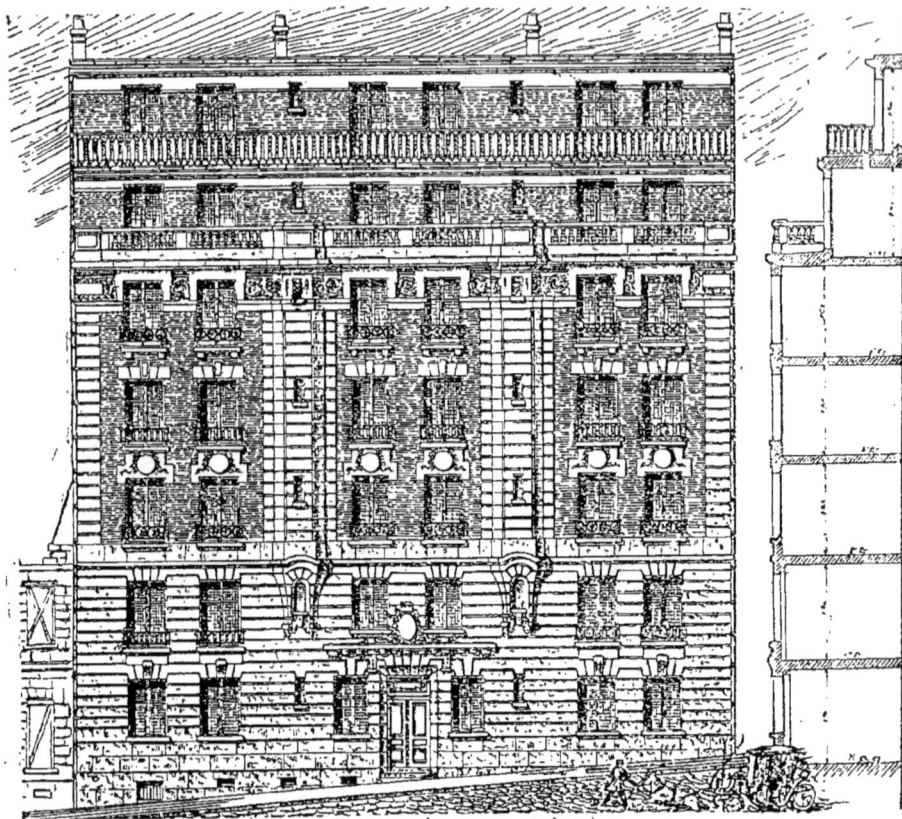

Fig. 187. — Maison de rapport avec logements, sans boutiques.

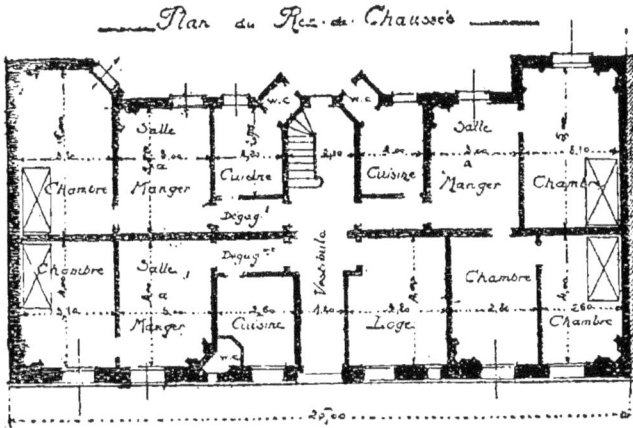

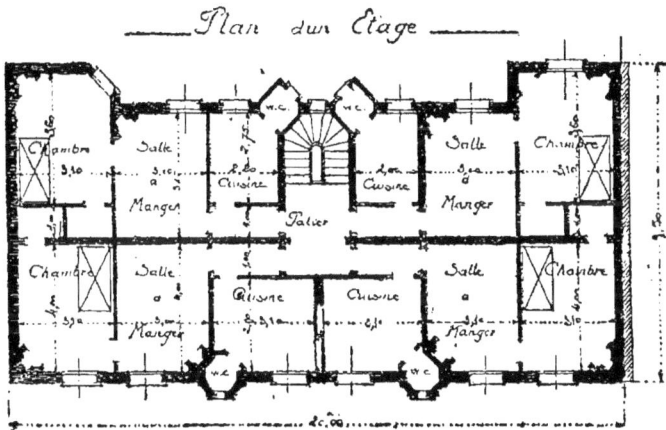

Fig. 188 et 189.

Maison de 6 étages de 150.000 francs. Revenu : 25 logements à 500 fr.
    = 12.500 francs.
Cette maison comprend 25 logements composés chacun de : entrée,
    cuisine, water-closet, salle à manger, chambre et toilette. — Surface
    construite prise sur le sol : 200 mètres carrés.— Prix du mètre carré :
    750 francs.

CHAPITRE VIII

PLAN DE MAIRIE ET ÉCOLE

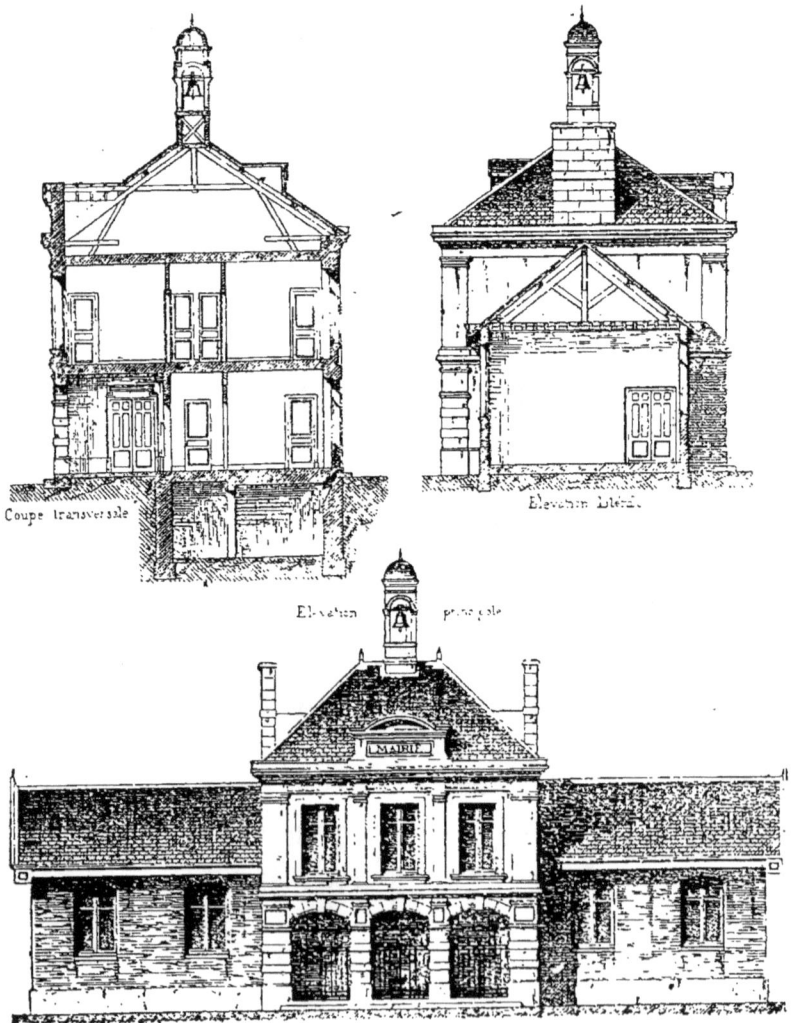

Coupe transversale

Elevation latéral

Elevation principale

Fig. 190, 191 et 192.

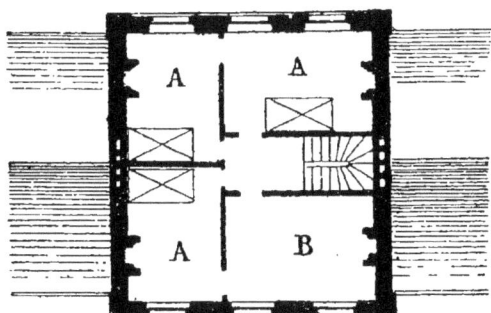

Plan du 1ᵉʳ Étage.

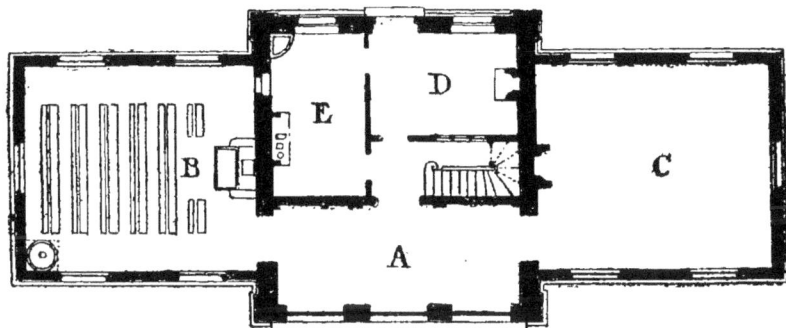

Plan du Rez-de-chaussée

Fig. 193 et 194.

Légende des plans. — Rez-de-chaussée.

A. Porche.
C. Salle de mairie.
E. Cuisine.

B. Classe pour 40 à 50 enfants.
D. Salle de réfectoire.

Premier étage.

A. Chambres.

B. Bureau du secrétaire de mairie ou cabinet du maire.

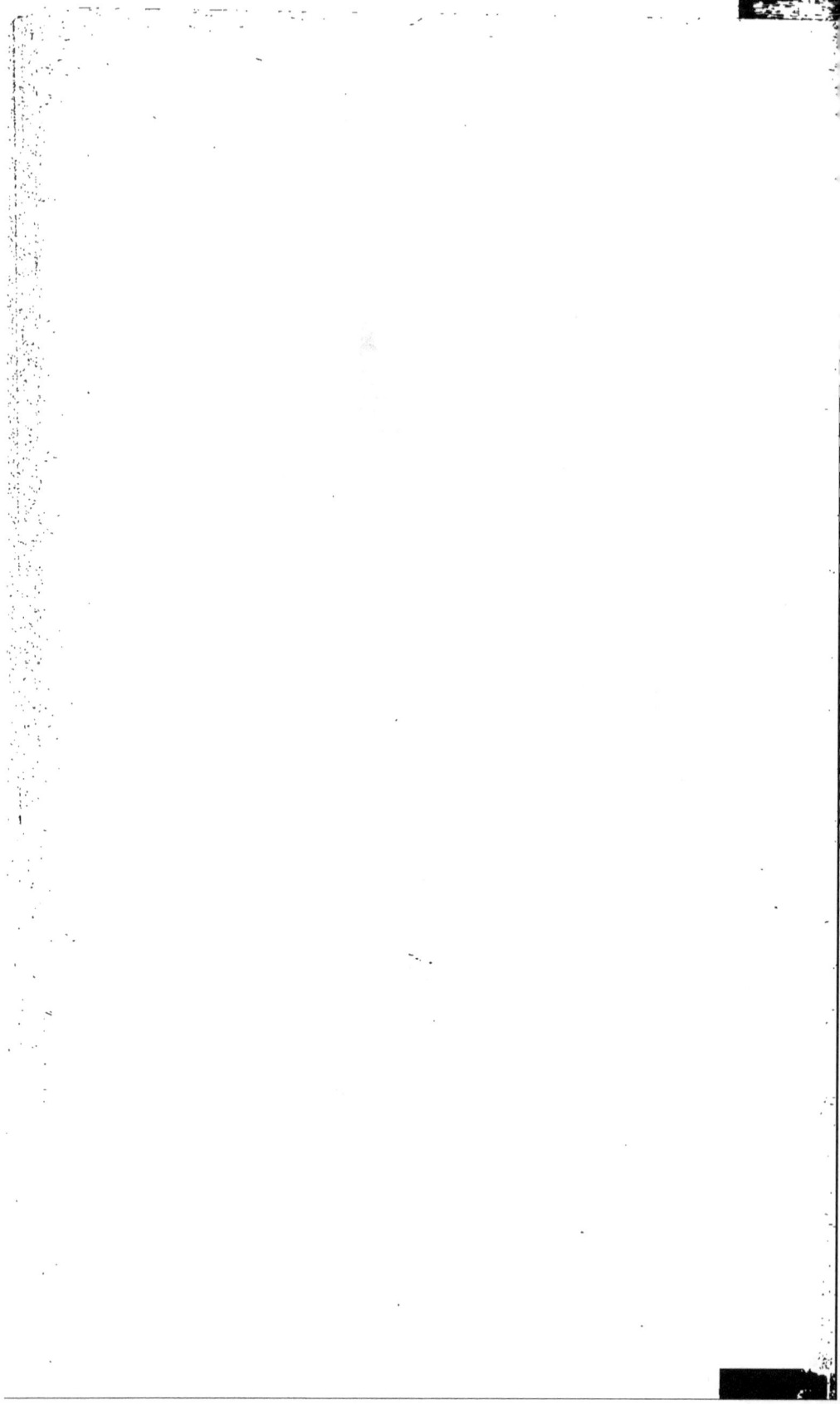

TABLE DES MATIÈRES

Orléans, Imp. H. Tessier.

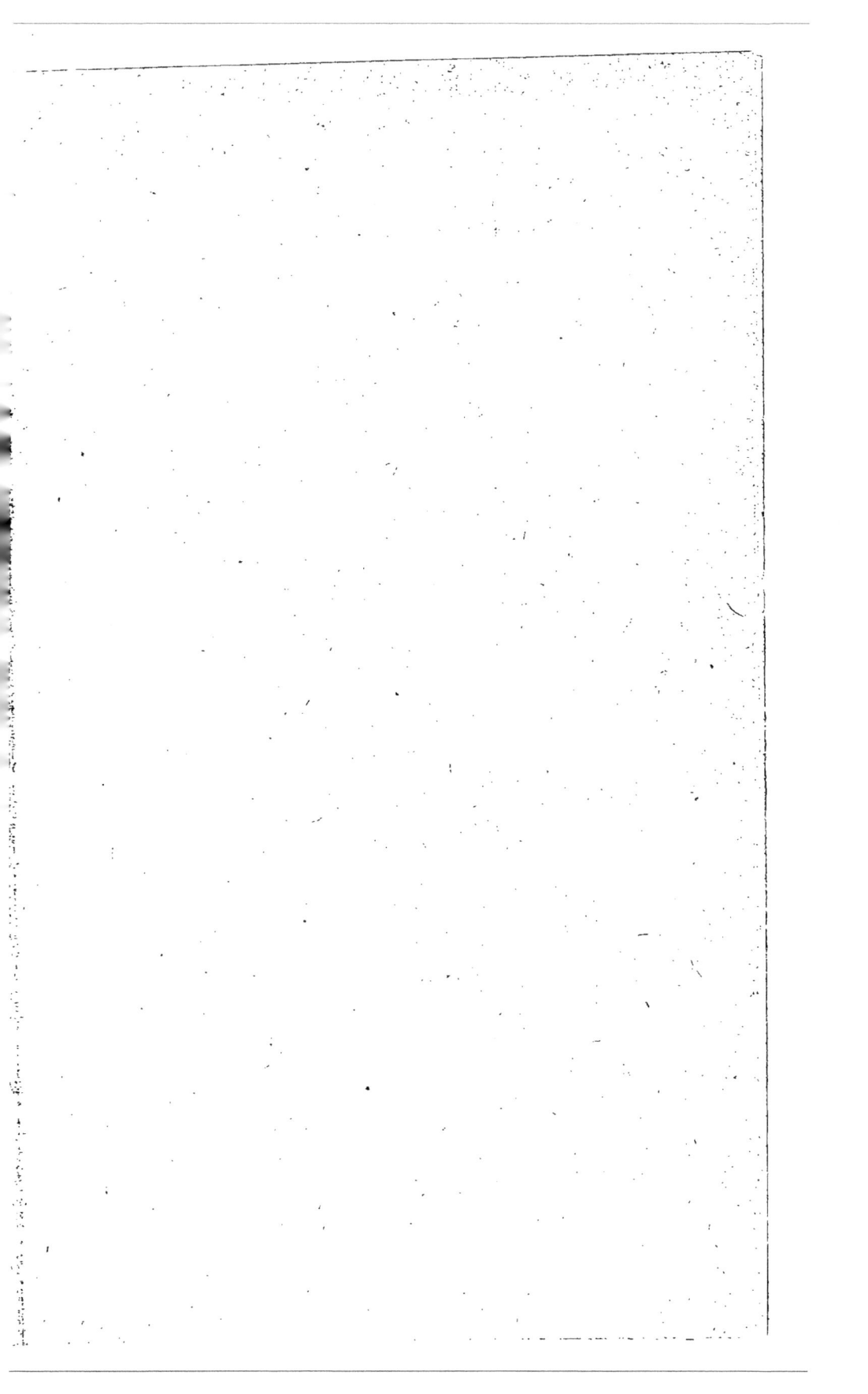

NOUVELLE ENCYCLOPÉDIE PRATIQUE
DU BATIMENT ET DE L'HABITATION

RÉDIGÉE PAR

René CHAMPLY

INGÉNIEUR

avec le concours d'Architectes et d'Ingénieurs spécialistes

**Cette Encyclopédie comprend 15 volumes
avec nombreuses figures**

Nomenclature des ouvrages de la Collection :

1er volume : Choix des terrains. — Arpentage. — Nivellement. — Terrassements. — Sondages. — Fondations.

2e volume : Maçonnerie. — Pierre. — Brique. — Pierres artificielles. — Mortiers. — Pisé et torchis.

3e volume : Travaux en ciment et béton armé.

4e volume : Charpentes en bois et échafaudages.

5e volume : Charpentes métalliques.

6e volume : Couverture des bâtiments.

7e volume : Menuiserie.

8e volume : Serrurerie. — Fermetures en fer. — Stores et bannes. — Serres.

9e volume : Pavages et carrelages. — Plafonds. — Enduits et revêtements. — Peintures et vernis.

10e volume : Vitrerie. — Marbrerie. — Chauffage et ventilation.

11e volume : Eclairage public et privé. — Chauffage au gaz, au pétrole et à l'électricité.

12e volume : Plomberie. — Eau. — Assainissement. — Fosses septiques.

13e volume : Salubrité des habitations et des eaux. — Sonneries. — Téléphones. — Paratonnerres.

14e Volume : Echelles, escaliers, ascenseurs et monte-charges.

15e volume : Architecture. — Plans de maisons et villas.

Prix de chaque volume { Broché . . . . 1 fr. 50
Relié percaline . 2 fr. »

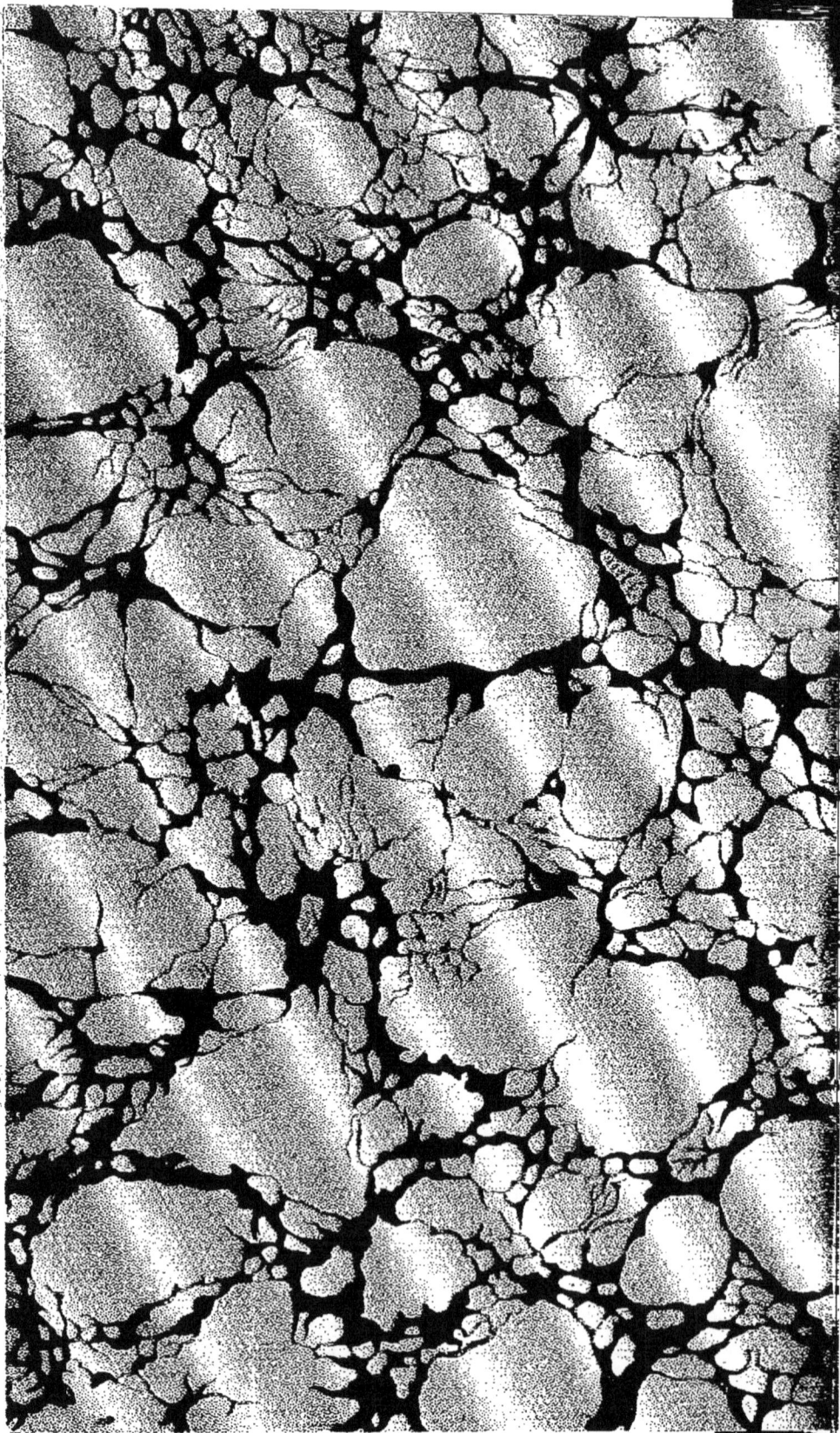

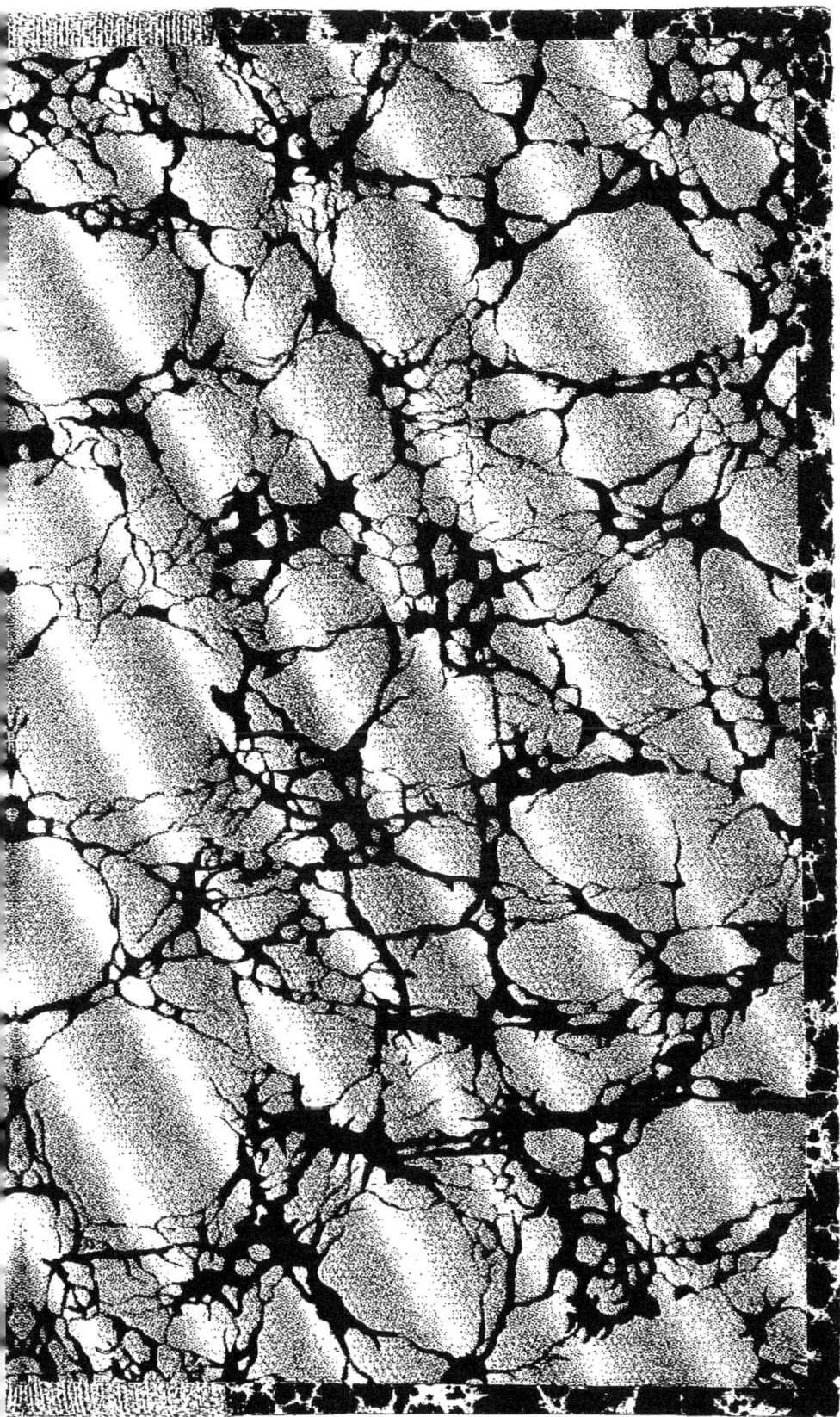

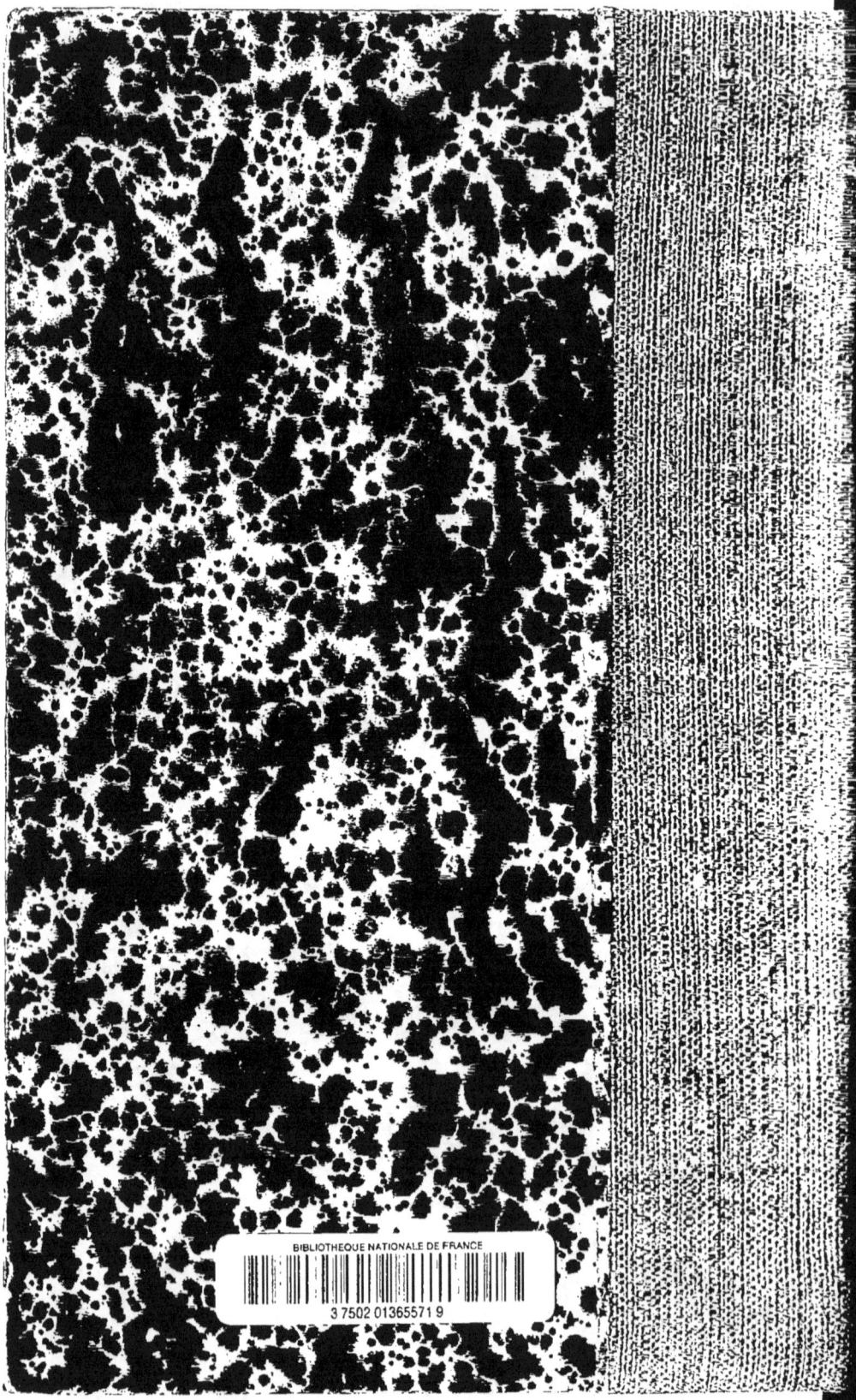